张海洋

著

忆的

命

中信出版集团｜北京

图书在版编目（CIP）数据

记忆的革命 / 张海洋著 . -- 北京 : 中信出版社，
2020.1

ISBN 978-7-5217-1243-8

Ⅰ . ①记… Ⅱ . ①张… Ⅲ . ①记忆术－通俗读物
Ⅳ . ① B842.3-49

中国版本图书馆 CIP 数据核字 (2019) 第 270026 号

记忆的革命

著　者：张海洋
出版发行：中信出版集团股份有限公司
　　　　（北京市朝阳区惠新东街甲4号富盛大厦2座　邮编　100029）
承 印 者：中国电影出版社印刷厂

开　本：880mm×1230mm　1/32　　　印　张：9.25
字　数：100千字　　　　　　　　　　版　次：2020年1月第1版
印　次：2020年1月第1次印刷　　　广告经营许可证：京朝工商广字第8087号
书　号：ISBN 978-7-5217-1243-8
定　价：49.80元

前言

用图像的方式记录世界

生动的图像是未来信息记录的主要趋势

在以前，一个人去世之后，他留下来的，通常只有墓志铭（很多人甚至连墓志铭都没有），他的生平究竟是怎样的，后人很难再看到。

当然，也有些名人，他们留下了自传，或者由其他人用文字记录了一些相关的故事，然而文字记录毕竟跟真实的人生有一定差距。

现在科技进步了，人人都可以拍摄一些照片，供亲友怀念。然而，照片毕竟只能展示某些瞬间，难以看到一个人生活的全貌。

在不久的将来，网速会继续提升，储存空间也会变得无穷大，人们可以很方便、很轻松地把自己人生的各个阶段，学习、生活、工作的各种片段的视频上传到云空间，这样一来，每个人一生的经历，都可以大致地保存下来，供后人思念甚至研究。

我们很容易就能推想：随着时代的前进、科技的发展，我们留给世界的，更多的不是声音、不是文字，而是图像——生动活泼、真实的图像！

我们的生活片段，与亲人、朋友甚至敌人相处的场景，我们工作、开会、娱乐、斗争的场景，甚至我们的思想、创作、理论，都可以通过视频图像的方式记录下来，上传到云空间，以此记录我们的一生。

亲友想要怀念我们，可以找到我们的视频，浏览我们人生的点滴。后人如果想要研究我们的成长历程，也可以打开我们的视频，寻找影响我们成长的关键时刻。

或许，科技再进步一些，地球上的每个人、每只动物、每株植物甚至每个物体，全都会自动以视频图像的方式被记录下来（当然，你也有选择屏蔽的自由），并随时上传到云空间。当你想要了解某个人的时候，通过搜索技术，你就能看到他的整个人生（当然，有很多地方需要密码）。

科技的发展，必将让整个世界都以图像的方式保存下来，每个人、每件事都可能清清楚楚地暴露在阳光之中，无所遁形。

我们希望在云空间里所存储的关于自己、关于他人、关于世界的信息，主要是生动活泼的图像。那么，我们在大脑里所保存的各种知识，是不是也应该以图像为主呢？

学习的本质是透过文字把握图像

其实，我们在进行文字学习的时候（例如，阅读本书的时候），真正要学的，不是文字本身，而是文字背后所蕴含的图像。透过文字，去把握其背后的图像，这才是真正有效的学习，也是学习的本质。

学习的时候，眼睛看到的是文字，但是，真正能让我们理解和记住的，其实是头脑里形成的丰富的图像（画面）。如果不是有意识地去想图像，而是单纯地把文字读很多遍，恐怕也难以理解文字究竟说的是什么。

我试图通过本书让大家明白：图像记忆是人人都拥有的优势记忆方式，只要善于运用图像记忆，我们就能够像看电视、看电影那样，拥有过目不忘的记忆能力！

可以想见的未来：以图像记忆的方式来学习，我们的记忆力、理解力、专注力都会有很大的改善，我们的学习效率、工作效率会不断提高，整个社会的生产力也因此得到很大提升。

从这个意义上来说，把图像记忆的威力彻底释放出来，将会引发记忆方式、大脑使用方式乃至整个社会学习和教育方式的变革！

目 录

第 二 章

方法篇

图像记忆具象 4 法与抽象 3 法

第 三 章

揭秘篇

高效的顺序记忆是超级记忆力的核心

第 四 章

能力篇

图像记忆是如何实现全面提升学习能力的

第 五 章

应用篇

图像记忆即将颠覆你的学习生活

第一章

原理篇

我们的大脑最喜欢的
是图像信息

大脑学习链——学习规律的完美表达

·学习与记忆 3 元素：文字、声音、图像

大脑很复杂，功能很强大。要把大脑说清楚，不是一件容易的事情。然而，如果从信息种类的角度来看，大脑其实也很简单。

静下来，观察一下自己的大脑，看看我们的大脑在不断运转的过程中，会涌现出什么样的信息。你会发现数不清的信息转瞬即逝，此起彼伏，纷繁复杂，但是，如果把这些信息进行归类，你会轻松地发现，大脑里常常涌现的信息主要有 3 种。

无论你现在是坐着、站着，或是躺着，你睁开眼睛往四周一看，或许你会看到书本、书桌、电脑、沙发等等，你所看到这些身边的具体物品，都可以归类为图像信息。

当你在阅读手中这本书的时候，你看到的是文字信息。文字信息跟图像信息的不同之处在于，文字信息本身并不是具体的物品，它们原本是抽象的符号，只是我们赋予了它们特定的含义。

当你在看一段文字的时候，你的眼睛看到的是文字，但是你肯定忍不住会把文字默念出来，这个时候，你脑海中出现的就是声音信息。

文字、声音、图像，这就是我们大脑里常见的 3 种信息。

大脑里的信息是从哪里来的呢？主要是通过眼睛和耳朵这两大器官采集进来的。眼睛采集的是外在世界的具体图像，以及书本中的抽象文字；耳朵采集的是声音。通过眼睛和耳朵采集吸纳的信息，会不断地在脑海中翻滚，成为学习和记忆的主要形式。

孩子们在小的时候，还不认识字的时候，主要是学说话，认识身边的人与物，学会这些人与物的名称，例如爸爸妈妈、锅碗瓢盆等。那个时候，他们大脑中的信息通常就只有图像和声音这两种。当他们开始学认字、开始进行系统的文字学习了，文字信息就会加入进来。

当然，我们的大脑里还有味觉、嗅觉、触觉等信息，但这些信息跟文字学习的关系不大，所以我们这里就不做讨论了。

·大脑学习链

当我们在学习的时候，例如在阅读本书的时候，这3种信息是怎样运作的呢？

首先，我们眼睛看到的是文字。看到文字的时候，每个人都会忍不住去读（很多时候是默读），这个时候声音信息就会出现在大脑里了。声音出现之后，图像很有可能也会跟着出现。例如，看到"苹果"这个词的时候，我们会忍不住默读 píng guǒ，然后脑海中还会浮现出苹果的图像。

文字、声音、图像这3种信息出现的顺序，就构成了我们的大脑学习链（见图1-1）：

图1-1　大脑学习链

　　大脑虽然很复杂，但是，如果只是研究学习的过程，大脑学习链就能把大脑学习的规律表达清楚了。

　　学习，主要指的是对文字的学习（中小学的各种科目，大学的专业课本，成年人阅读的各种书籍）。文字学习的过程，就是看到文字符号，头脑里立刻反映出读音（即声音信息），接着再浮现出图像。

　　从文字到声音，这个环节就是"读"；从声音到图像，这个环节就是"听"，听懂了，就是理解；看到图像继而发出声音，就是"说"；把声音所对应的文字写出来，就是"写"。

　　"读、听、说、写"这4个学习的重点，就存在于"文字、声音、图像"这3者的相互关系之中。其中，"听"的环节（从声音到图像的环节）是非常重要的，因为，"理解"和"记忆"这两大学习过程主要都跟这个环节有很大关系。

让你过目不忘的是图像

· 声音的意义是图像赋予的

　　文字、声音、图像这 3 种信息，大脑最喜欢的是图像信息。

　　为什么大脑喜欢图像？因为我们生活的世界，我们想要认识的这个世界，主要就是以图像的形式呈现在我们眼前的。而声音和文字，是人类为了认识这个世界而加上去的信息，这些信息原本是没有意义的，是图像赋予了它们意义。

　　我们刚降临这个世界的时候，睁开眼睛所看到的一切，都是图像，例如爸爸妈妈、苹果香蕉，这些图像是真实存在的，等待着我们去认识和了解。为了传递认识的经验，为了能进行有效的交流，我们就给每一种具体的图像加上了一个声音标签。

　　例如，牙牙学语的时候，看到一个苹果，爸爸妈妈就会指着它对孩子说"píng guǒ、píng guǒ"。经过多次重复之后，孩子看到苹果，自然就会张嘴发出"píng guǒ"的声音。等到有一天，孩子想吃苹果了，嘴里发出"píng guǒ"的声音，爸爸妈妈脑海中就会出现苹果的图像，然后很快就有一个苹果递到孩子的手中。

　　"píng guǒ"这个发音原本是没有意义的，但是当它跟现实中的苹果图像紧密联系在一起之后，就产生了意义。之后，人们在交流的时候，不需要拿出一个真正的苹果，只需要嘴里发出"píng guǒ"的声音，其他人自然就会明白什么意思。

　　全世界的苹果都是一样的，但是，每个地方的人们，给苹果赋予的声音可能是不同的。例如北京人、四川人、广东人，对苹果的发音就不一样；美国人、日本人、韩国人，对苹果的发音也不同。苹果还是那个苹果，不同地方的人群对它赋予了不同的声音。因此我们很容易理解，声音原本是没有意义的，只是因为它们依附于特定的图像，所以才有了意义。

· 文字的意义是声音赋予的

　　文字、声音、图像这 3 种信息，首先对我们有意义的是图像。我们小时候，为了与人交流，更好地认识这个世界，所以学习了声音体系，把声音体系关联到图像体系之中来。所以，声音是第二种对我们有意义的信息。

接下来，发现声音也满足不了交流和学习的需求了，为了把我们对这个世界的认知更有效地传递出去，人类就发明了文字体系。

等我们到了上小学的年龄，到学校去学习，其实学的就是文字体系。文字本身就更没有意义了，它的意义是声音赋予的。也就是说，我们为了更好地认识这个世界的图像，需要先学声音；发现声音的交流效率还不够高，又在声音的基础上进一步去学文字。

我们在学习文字的时候，首先学习和记忆文字的发音，通过反复练习，久而久之，一看到这个文字，大脑里立刻就会条件反射地反映出相应的读音（大部分情况下是默读）。例如，看到"折戟沉沙铁未销"这句诗的时候，不管这句诗的图像是否能想出来，至少文字对应的声音是先出来了。

我们在看一段文字的时候，声音是紧接着文字出现的，当我们会读某个字的时候，往往也就默认为我们认识这个字了。因此可以说，文字的意义是声音赋予的。而声音本身是没有意义的，只有图像是有意义的，所以，文字与真正有意义的图像之间，其实是隔着一层声音信息的。

文字的学习，能不能穿透声音的阻拦，直达背后的图像，这就成为影响我们学习效率最重要的因素。

·人人都有过目不忘的惊人记忆力

很多人觉得自己的记忆力差，学过的知识记不住。这通常是指文字方面的学习而言。事实上，除了文字学习，在其他方面，人们的记忆力往往是好得惊人。

例如看电影，看完一遍一部好看的电影之后，你很长时间都不会忘记。有些电影，当初只看了一遍，中间并没有复习，虽然已经过去好几年了，但电影的情节仍然历历在目。这就是过目不忘的惊人记忆力！

看连续剧也一样，许多好看的连续剧，时间跨度几个月甚至几年，但人们从第一集追到最后一集，看完大结局之后，再回过头来想，前面几十集的内容基本上都还记得。

为什么看电影、电视的时候，我们的记忆力就很好呢？因为大脑喜欢的是图像。只要是生动活泼的图像，大脑就非常容易吸收和保存。上天为了让我们轻松地认识这个世界，给我们的大脑赋予了一种能力，就是对图像信息的吸收效率特别高！

其实不仅看电影、电视是如此，即使是文字，如果写的是生动有趣的故事，例如读小说，也同样能达到让人过目不忘的效果。一本好看的小说，从头到尾，几十万字，看完一遍之后，整个故事的前因后果、各种跌宕起伏的情节，都非常清楚地印在你的大脑之中。

小说是以文字为载体的文学作品，为什么我们也同样能轻松吸纳信息并形成长久而深刻的记忆呢？原因很简单，因为在看小说的时候，我们记住的不是文字符号本身，而是文字所描写的背后的图像——当然，这些图像是我们根据文字自己想象出来的，效果其实跟看电影是差不多的。

让你过目不忘的是图像，尤其是生动活泼的图像。根据这个原理，如果我们所看的文字，是描写生动有趣的故事，那么，自然就能轻松记忆。但是，如果那些文字描写的是抽象枯燥的内容，图像感不鲜明、缺乏故事吸引力，当然就很难记住了。这个时候，我们就需要用到图像记忆法。

图像记忆法的原理，就是把任何要学习和记忆的资料，尽可能转化为生动活泼有趣的图像，让我们能像看电影那样进行记忆，那么，学习和记忆的效率自然就能提升几倍甚至几十倍！

声音与图像——
人们习惯死记硬背却对过目不忘视而不见?

· 我们生来就被赋予了强大的图像记忆能力

在对文字的学习过程中，记忆的方式主要是两种:
声音记忆与图像记忆。

什么是声音记忆呢? 就是读很多遍，但是脑海中没
有图像，只有声音。例如《千字文》里的这句:"金生
丽水，玉出昆冈。剑号巨阙，珠称夜光。"[1] 许多小朋友
都能背，但很可能他们脑海里没有金、玉，也没有剑、
珠的印象。这种记忆方式，也就是我们常说的"死记
硬背"。

1　王财贵.孝弟三百千 [M]. 厦门: 厦门大学出版社，2003.

　　图像记忆要求脑海中要有丰富生动的图像。例如我们看到《终南别业》里的这句："行到水穷处，坐看云起时。"可以慢慢进入到作者所描绘的画面中，想象自己跟随流水一路前行，到达流水的尽头之后，坐下来静静地欣赏天边的云起云涌。在丰富的图像之中去体会作者想表达的意境，获得情感的共鸣。

　　声音记忆与图像记忆，哪个效果更好呢？

　　声音记忆的黄金期，是人们从出生一直到 10 岁左右。这个阶段是学习语言的黄金时期。10 岁之后，大部分人的声音记忆能力开始下降，记忆效率越来越差，很多内容即使读了许多遍，也记不下来。当然，具体到每个人会有一些差异，声音记忆能力开始下降的年龄不一定相同，下降的速度也不一样。

　　图 1-2 表明了"语言学习关键期"的规律，从出生到 3 ~ 7 岁阶段，是对声音最敏感的阶段，可以很轻松地把无意义的声音记住，这是学语言最好的阶段。过了 3 ~ 7 岁阶段之后，声音记忆的能力就会开始下降。8 ~ 10 岁阶段，声音记忆能力还算可以，过了这个阶段，就会比较吃力了。所以，10 岁之后如果还是主要依靠声音记忆进行死记硬背，记忆效果就会越来越差。

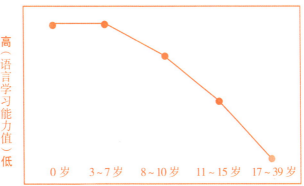

图 1-2　语言学习能力与年龄对照图

　　图像记忆的规律跟声音记忆有所不同。图像记忆的能力也是在儿童时期最强，婴儿来到世间，睁眼看世界，生来就被赋予了强大的图像记忆能力。而人类对世界的学习和认知是一个漫长的过程，贯穿终生，因此图像记忆能力会一直持续。所以我们直到成年之后甚至是老年时期，图像记忆的能力也仍然非常强大。比如看完一部电影，我们仍然可以清楚地记得里面的故事乃至细节。这就说明图像记忆的能力更长久，且不容易下降。

·文字的学习，除了有声音，还需要有图像

　　对文字的学习，离不开声音和图像。

例如我们学习《论语》里的这句："举直错诸枉，能使枉者直。"[1]当你看到这句话的时候，肯定会忍不住读一遍（默读），这时，脑海里回响的是声音。你希望把这句话记住，那就需要默读好几遍，直到能顺利背出来为止。这个时候，你运用的就是声音记忆（也叫"死记硬背"）。

而图像记忆，就是围绕这句话去想象画面是怎样的。樊迟想不出相应的图像，就去请教子夏，子夏给出的图像描述是这样的："舜有天下，选于众，举皋陶，不仁者远矣。汤有天下，选于众，举伊尹，不仁者远矣。"

当我们有了生动的图像之后，这句话的含义就好理解了，记忆起来也就更容易了。这就是图像记忆。

根据前面我们总结的"大脑学习链"，看到文字之后，每个人都忍不住会去读，这已经形成了牢固的条件反射，文字跟声音几乎是捆绑在一起了。所以，声音记忆这个环节，是很难去除的，而且也没有必要去除。关键是，有了声音之后，接下来要进一步去想相关的图像，才能完成真正有效的学习。否则，即使是死记硬背背下来了，也只能应付考试，很难运用到实际生活中去。

1　陈晓芬译注. 论语 [M]. 北京：中华书局，2016.

·声音与图像是亦敌亦友的关系

正如声音是为了有效传达和交流图像信息，文字的作用，也是为了对图像进行有效的传递。

例如杜甫的这首《江畔独步寻花》："黄四娘家花满蹊，千朵万朵压枝低。留连戏蝶时时舞，自在娇莺恰恰

图 1-3 《江畔独步寻花》涂鸦记忆示意

啼。"[1] 这是杜甫看到了邻居黄四娘家繁花似锦的场景,据此而形成的诗意的文字。

我们读诗、欣赏诗歌,就是透过精炼而优美的诗意文字,重建诗人当时眼所见、耳所闻的全息图像,这其中同样的喜悦心情将被唤起,实现跨越时空的情感共鸣。

如果我们只是死记硬背,读了好多遍,最后即使背下来了,但是脑海中却没有细细去构想相关的图像、画面,效率低下不说,还完全失去了学习的意义。

很多人之所以经常用死记硬背的方式学习,是因为他们不明白,能背出来,并不代表学习的结束,只有把文字背后的图像想清楚、想明白,才是真正有效的学习。

有这样一句大家都很熟悉的话,"书读百遍,其义自见"。其实,读很多遍,文字的含义也不一定会自己跳出来,需要自己去想图像才行。但是,读得多了,接触得多了,很有可能会比较容易想出图像。因此,多读也是有作用的。但是,能否理解含义,关键还是在于图像。

对文字的学习中,声音与图像亦敌亦友,贯穿整个学习的过程。能有效处理好声音与图像之间关系的人,往往能获得很好的学习效果。

1　顾青编注. 唐诗三百首 [M]. 北京: 中华书局, 2016.

·摆脱艾宾浩斯遗忘曲线的束缚，图像决定了遗忘的速度

如下图所示，"艾宾浩斯遗忘曲线"体现的是我们的遗忘规律，记住的知识很快就会逐渐忘记，需要及时复习。很多人会根据"艾宾浩斯遗忘曲线"来进行复习，或者打算根据这个遗忘曲线来复习但却没有执行的毅力。

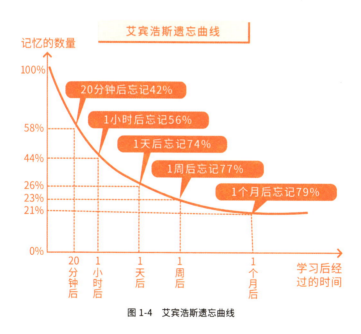

图1-4　艾宾浩斯遗忘曲线

其实，图1－4遗忘曲线，是针对无意义音节的遗忘规律，而我们通常所学的知识，都是有意义的。艾宾浩

斯还用散文和诗作为实验材料，得出了遗忘速度不一样的曲线：

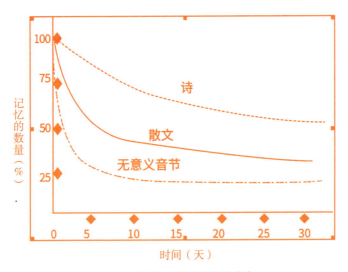

图1-5　散文和诗的艾宾浩斯遗忘曲线

为什么无意义音节的遗忘速度最快，散文遗忘得就慢一些，而诗的遗忘速度就更慢呢？

原因其实是在图像上！

无意义的音节，完全没有图像，纯粹是声音记忆，当然忘得快。而散文就有一些图像了，所以忘得会慢一些。诗的图像比散文更丰富，遗忘速度自然会更慢。

所以，**记忆效果其实主要取决于图像！**

散文和诗，如果我们懂得运用图像记忆的方法，脑海中的图像更丰富、更生动，就像看电视电影那样，那么，遗忘的速度完全可以比上面的曲线更慢。对于无意义的音节，如果我们能运用图像记忆的技巧，给它们赋予一些图像感，也完全可以改变遗忘的速度。

因此，懂得运用图像记忆方法，遗忘的速度就能摆脱"艾宾浩斯遗忘曲线"的束缚，记忆效果完全可以自己掌控，想象的图像越生动有趣，记忆效果就会越好！

从今天开始，让我们忘掉"艾宾浩斯遗忘曲线"吧！把重点放在图像上，运用自己神奇的大脑，去创造生动活泼的图像。我的记忆，我做主！

·高效率图像记忆：打破"7"的诅咒

83792504926103098143267045392704721 95387

像上面这一组无规律数字，就相当于是无意义的音节，在不懂记忆方法的情况下，通过多次重复读或者默读把它背下来，这就是纯粹的声音记忆。

"明月松间照，清泉石上流。"这虽然是文字，但是很容易能透过文字看到一组静谧祥和、令人神往的画面。这就是图像记忆了。

心理学家研究表明，人们在记忆无意义信息的时候，

短期记忆的容量通常在 7 个左右，超过 7 个就很难一次记住，需要重复多遍。例如一串手机号码，11 位数字，去掉前面的 138/139 之后，只剩下 8 个数字，但是很多人需要读几遍才能勉强记下来。而记住之后，很快又会忘记。

相比而言，我们看小说、看电视，可以连续看很久，不需要每 7 个字或者每 7 秒钟就回看两三遍。看完之后，很长时间都不容易忘记。

因此，从短期记忆容量上来看，图像记忆至少可以达到声音记忆的 100 倍以上。而从遗忘的速度来看，图像记忆比声音记忆又慢了很多。可以说，图像记忆比起声音记忆，不仅记得多、记得快，而且记得牢。

所以，当我们进行文字学习的时候，遇到那些需要记忆的资料的时候，尽可能地多用图像记忆，尽可能让我们大脑中的图像更生动、更有趣，这样就能大大提升记忆效率。

从低效率的声音记忆，转变为高效率的图像记忆，这就是提升记忆力的真正秘诀！

第二章

方法篇

图像记忆具象 4 法与
抽象 3 法

想象与画图——动脑动手玩儿起来

· 以文字描述为起点，自由放飞想象

根据"大脑学习链"，文字要转变为图像，才是真正有效的学习。**图像记忆法，就是把文字信息以及各种抽象信息（例如数字）转化为生动活泼的图像，从而大大提升记忆效率的方法。**

图像记忆法的运用，需要我们对学习资料展开想象，想象的画面越生动有趣，记忆效果就越好。这其实就是跟看电影一样，电影情节越生动、越有吸引力，记忆的印象就越深刻。

但是对于已经习惯了死记硬背的人来说，最重要的，还不是如何让想象更生动，而是要养成想象的习惯——能根据文字把相应的画面想出来。

例如这首诗：

终南别业[1]
〔唐〕王维

中岁颇好道，晚家南山陲。

兴来每独往，胜事空自知。

行到水穷处，坐看云起时。

偶然值林叟，谈笑无还期。

有些内容，本来画面感就很强，不需要特别去想，大脑里会自然浮现出图像，例如上文"行到水穷处，坐看云起时"这句。

有些内容，有画面感，但不是那么生动，需要进一步去展开想象，例如"偶然值林叟，谈笑无还期"这句。有些人脑海中可能会出现一个老头（"林叟"）的画面，但却没有去想象作者跟护林老叟之间谈笑风生直到太阳下山的画面。

而前面的两句："中岁颇好道，晚家南山陲。兴来每独往，胜事空自知。"这两句相对抽象，许多人能明白其含义，但却没有认真去想画面，这样记忆的印象就会淡

1　顾青编注.唐诗三百首 [M].北京：中华书局，2016.

许多。

怎样去想象画面呢？"中岁颇好道，晚家南山陲。""好道"是怎样的画面？可以这么来想象：

> 王维大约三四十岁的样子，每天早上起来打太极，但是因为工作很忙，每天只能打几分钟，所以退休之后，干脆就把家搬到了终南山，每天都有很多时间可以在大树底下打太极了。

有了这样的画面，记忆的印象就比较深了。

"兴来每独往，胜事空自知。"这句诗，大部分人都是知道意思，但却没有画面。我们在运用图像记忆法的时候，就可以给这样的内容加上生动的画面。例如，可以想象：

> 王维某天早晨起来没事干，突然很想到山顶上去看看，于是背上了行囊，独自一个人就出发了。走到半山腰，突然看见一片花海，景色令人陶醉，很可惜这么美的地方没有其他人知道。

王维所经历的"胜事"是什么，谁也不知道，但是我们可以根据自己的喜好来设想一个吸引人的场景，这样大脑中就有生动的画面了。

　　文学也好，各科专业知识的学习也好，只要是文字，想象出图像，就能更好地理解和记忆。

图 2-1　《终南别业》涂鸦记忆示范

·以画图为手段，把大脑里的画面整理后固定下来

　　当我们把文字在大脑里转化为图像的时候，可能很多画面一闪而过，混乱之中也不一定能抓住重点。这个时候，可以尝试用画图的方式，把我们想象的画面固定下来。

次北固山下 [1]

〔唐〕王湾

客路青山外，行舟绿水前。

潮平两岸阔，风正一帆悬。

海日生残夜，江春入旧年。

乡书何处达？归雁洛阳边。

图 2-2 《次北固山下》涂鸦记忆示范

1　顾青编注 . 唐诗三百首 [M]. 北京：中华书局，2016.

首先，根据诗文展开想象，或许我们会想到各种画面，然后再认真想想，哪些画面更符合原文所表达的意思，最后，把想好的画面画下来，就成了下面这幅图（感兴趣的朋友，也可以根据自己的喜好，用彩笔给这幅图添上颜色、加深印象）。

诸葛亮的《诫子书》[1]，是一段不长的古文：

> 夫君子之行，静以修身，俭以养德。非淡泊无以明志，非宁静无以致远。夫学须静也，才须学也，非学无以广才，非志无以成学。淫慢则不能励精，

图 2-3 《诫子书》理解提示图

---

1 语文七年级上册 [M]. 北京：人民教育出版社，2016.

险躁则不能治性。年与时驰，意与日去，遂成枯落，多不接世，悲守穷庐，将复何及！

对于这段文字的画面想象，古文比现代文难理解，需要更多的时间，但这个工夫值得，因为一旦理解之后，我们画图的时候就可以灵活处理，变繁为简了。下面这个图可以供大家参考：

像《论语》这样的经典，大部分段落都不是很长，学习的时候如果能尽量画图，在画图中慢慢去领悟，这样的学习效果会更好。例如下面这三段：

·子曰："学而时习之，不亦说乎？有朋自远方来，不亦乐乎？人不知而不愠，不亦君子乎？"（《学而》）

·曾子曰："吾日三省吾身：为人谋而不忠乎？与朋友交而不信乎？传不习乎？"（《学而》）

·子曰："吾十有五而志于学，三十而立，四十而不惑，五十而知天命，六十而耳顺，七十而从心所欲，不逾矩。"（《为政》）[1]

画图记忆是图像记忆法中非常重要的一种方法，它

1　语文七年级上册 [M]. 北京：人民教育出版社，2016.

图 2-4 《论语》三则理解提示图

的应用面很广，只要不是特别抽象的文字内容，都可以运用画图记忆法。

画图记忆法的运用，重点不是把图画得很好看（图主要是给自己看的），而是通过画图这种形式，把自己大脑里想象的画面进行整理，然后形成一组比较稳定的画面，这样记忆的效果就会更好。

想象是图像记忆的基础，
联想是运用图像记忆的核心

想象是图像记忆的基础，把记忆对象的画面想出来，图像记忆法才能运用起来。但是，仅仅有图像是不够的，图像之间需要有相互关联才行。

例如这样一组词语：

长江　宝剑　苹果　袋鼠　手机

老虎　西瓜　蜜蜂　森林　兔子

石头　核桃　神仙　瓶子　太阳

死记硬背（声音记忆），先读第一排，读几遍，记住了，然后读第二排，记住了再读第三排。然而在读到第三排的时候，就会发现，第一排的又忘了。这说明了声音记忆的低效率。

图像记忆法的运用，首先要求我们把这些词语的图

图 2-5 15 组无关联词语的画面想象

像想出来，例如"长江""宝剑"等，都可以有很清晰的画面……

　　但是你会发现，仅仅把图像想出来，还是记不住，因为，**图像记忆法的运用，真正让我们能轻松记住的，是生动、活泼、前后有关联的图像，而不是静止的画面。**

　　如果要把上面那组词语一遍记住，就需要进行类似于这样的联想（请跟随着下面的文字展开想象）：

长江里飞出一把宝剑，宝剑砍下了一个苹果，苹果掉下来砸中了袋鼠，袋鼠从口袋里掏出一部手机给老虎打电话，老虎正在吃西瓜，从西瓜里飞出一只蜜蜂，飞到森林里面，森林里有一只兔子，兔子拿起一块石头，砸开了一个核桃，从核桃里蹦出一个神仙，神仙拿出一个神奇的瓶子，瓶子把太阳收进去了。

好了，如果你刚才在跟着文字来展开想象，现在不妨闭上眼睛，回忆一下，看看是否能够把这 15 个词语全都按顺序回忆出来？

像这样的想象，是有动作、有故事、前后有关联的，这样才能轻松地把资料记住。

想象，是针对文字本身来想图像，并没有加入额外的东西。例如"长江、宝剑"，就是想到长江和宝剑的画面，相互之间没有联系。

而联想，则是在想象的基础上，进一步加入额外的动作、故事、逻辑等，把原本不相关的图像联结起来。例如"长江、宝剑"，可以想象成"长江里飞出宝剑"（加入了"飞出"这个动作），或者想象成"很久很久以前，长江里埋藏着一把宝剑"（加入了故事情节），或者想象成"长江水把宝剑从上游冲到了下游"（加入了简单的逻辑）。

想象，是图像记忆法运用的基础。而联想，则是图像记忆法运用的核心。

当我们面对需要记忆的资料的时候，把资料从前到后联想起来，有很多种技巧，这些技巧就构成了具体的图像记忆方法。常用的图像记忆方法有：对应联想、串联联想、情景联想、关键词联想、简化法、定桩法（主要包括身体桩、人物桩、语句桩、数字桩、地点桩）等。

接下来，在下一节里我们将汇总介绍这些图像记忆方法的具体运用。

具象信息的图像化

· 对应联想：以动作、故事紧密联结

对应联想，是指在任意两个信息之间，通过联想把它们紧紧地联结起来。

任何两个毫无关联的信息，都可以通过加入额外的动作、故事等方式把它们紧密地联想起来。

例如：老鼠—飞机

老鼠跟飞机，本来毫无关联，但是我们可以通过发挥想象力，让它们产生各种联系：

老鼠啃坏了飞机；

老鼠开飞机；

老鼠跳上了飞机；

老鼠从飞机上跳了下来；

老鼠举起了飞机；

老鼠在造飞机；

……

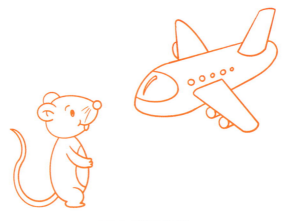

图 2-6　对应联想示意

　　人类的想象力是无限的，任何两个信息之间，都可以创造出许多种不同的联想。

　　在记忆一些简单常识的时候，对应联想法就能派上用场。

　　世界最长的河——尼罗河

　　联想：最长的河在流淌的时候，会带走很多泥和螺（"尼"和"罗"的谐音）。

　　世界最大的群岛——马来群岛

联想：最大的群岛面积很大，可以容纳一群一群的马在上面奔跑。

世界最小的洋——北冰洋

联想：最小的洋，也叫作"baby 洋"（"北冰洋"的谐音）。

世界最大的盆地——刚果盆地

联想：最大的盆子里装满了坚果（"刚果"的谐音）。

·串联联想：依序串联成一个小故事

对应联想，是指两个信息之间的联想。而串联联想则是把三个或三个以上的信息从前到后联想起来。

例如：鹦鹉、钥匙、大门

联想：鹦鹉嘴里叼着钥匙，打开了大门。

信息多的时候，需要注意的是，要保持图像的先后顺序，以免混淆。

例如：钥匙、鹦鹉、大门

如果这样联想：钥匙被鹦鹉叼着打开了大门。

从文字上看，"钥匙"出现在"鹦鹉"前面，但是从想象的画面来看，我们看到的就是鹦鹉叼着钥匙，因此在回忆的时候，顺序可能就会出现错误。

可以这样来联想：我把钥匙扔给了鹦鹉，鹦鹉打开了大门。

串联联想对于训练我们的想象力、联想能力有很大的帮助。

我们来进行一组词语的串联联想练习：

北京　森林　神仙　美丽　神话　豆芽

秋千　医生　埃及　轮船　唐诗　韩国

嫦娥　飞快　静止　喇叭　长城　好吃

上面这组词语，有具象的词语，也有抽象的词语，我们所要做的，就是发挥想象力，把这些词语从前到后串成一个小故事：

北京的森林里住着一个神仙，她长得很美丽，就像神话故事里所写的那样，她有着豆芽一般的苗条身材。

她在荡秋千的时候不小心摔倒了，医生建议把她送到埃及进行治疗，他们一起坐着轮船，在船上比赛背唐诗，结果却到了韩国。

在韩国他们遇到了嫦娥，嫦娥（飞快）地从镜子（静止）里拿出一个喇叭，把他们吹到了长城，神仙吃了几块长城上的砖头，觉得非常好吃。

通过上面的一连串想象，这些词语在我们的脑海中化成了丰富生动的画面，在回忆的时候，它们就会一个接一个地快速跳出来了。其中，"静止"这个词语，我们运用了谐音法，转化为"镜子"的图像，这样就更利于联想记忆。

串联联想法，有很广泛的用途，尤其用于一些无规律资料的记忆。例如我们要记忆鲁迅的部分作品：

《故乡》《社戏》《孔乙己》《一件小事》《从百草园到三味书屋》《藤野先生》《阿Q正传》《药》《呐喊》《彷徨》《狂人日记》《祝福》

可以这样编一个故事来进行联想记忆：

鲁迅回到了故乡，看了一场社戏，讲的是关于孔乙己的一件小事。看完之后，鲁迅穿过了百草园到了三味书屋，去拜访藤野先生。藤野先生正在看一本名为《阿Q正传》的书，边看边喝中药，中药很苦，他痛苦地大声呐喊，在过道上走来走去、很彷徨，最后差点发狂了。鲁迅赶紧给他送上美好的祝福。

通过这个故事，我们就能把鲁迅的这些作品按顺序一个不漏地记住了。有些资料如果并没有严格的顺序规定，我们也可以按照有利于联想的方式把它们的顺序进行重新排列。

串联联想是训练我们联想能力的很好的方式，如果无规律的词语都能通过发挥想象力轻松联结起来，那些有规律的资料就更容易了。

· 情景联想：把图像联想起来，构成情景

前面的对应联想法和串联联想法，主要适用于无规律信息的记忆。而对于有规律的信息，例如诗词、课文、古文、专业书籍等，如果内容不是特别多，就适合用情景联想法。

情景联想法， 是根据文字内容展开想象，同时通过加入额外的动作、故事、逻辑等，把前后文的图像联想起来，构想出生动活泼的、连续的情景。

我们来看这首诗：

六月二十七日望湖楼醉书[1]
〔宋〕苏轼

黑云翻墨未遮山，白雨跳珠乱入船。

1　王水照、崔铭. 苏轼传 [M]. 天津：天津人民出版社，2013.

卷地风来忽吹散，望湖楼下水如天。

翻译：黑云翻滚，如同打翻的墨砚与远山纠缠，不一会儿我的小船突然多了一些珍珠乱蹿，那是暴虐的雨点。一阵狂风平地而来，将暴雨都吹散。当我逃到望湖楼上，喝酒聊天，看到的却是天蓝蓝，水蓝蓝。

本诗的情景联想：

我正坐着船在西湖上游玩，忽然，大片黑云飘了过来，把山顶都遮住了，大滴大滴的雨点像珠子一样"啪嗒啪嗒"地跳到船上，我赶紧躲到船舱里。正当我着急的时候，忽然，一阵卷地风刮了过来，把暴雨都吹散了，我跑到船舱外一看，望湖楼下的水清澈地倒映着蓝天。

图 2-7 是把诗句的文字，按照情景联想的过程大致画了出来，看着图按文字表达的顺序，看一看，想一想，记忆会更清晰。如果有时间，可以拿出彩笔，把整个图按照文字表达的顺序加上自己喜欢的颜色，记忆效果就更好了。这种边上色边记忆的方法，叫作"涂鸦记忆"（本书绝大部分的图例，都可以用涂鸦记忆的方式来加深印象，欢迎尝试）。

图 2-7 《六月二十七日望湖楼醉书》涂鸦记忆示范

普通的理解记忆，如果根据翻译的文字展开想象，也同样有图像感，这比起死记硬背也要好很多，但是缺乏连续的情景感。

情景联想与普通的理解记忆不一样的地方，就是更具有连续的情景感。例如，刚开始的时候加入了"我正坐着船在西湖上游玩"，在第一句和第二句之间，加入了"正当我着急的时候"。这样，整个画面就更像一个有场景、有情节的连续故事。

从记忆的角度来看，对于篇幅较短的诗，上下文之间本来也不容易脱节，所以情景联想法的威力并不那么明显。我们再举一首稍微长一点的诗来做说明。

例如这首诗：

题破山寺后禅院[1]

〔唐〕常建

清晨入古寺，初日照高林。

曲径通幽处，禅房花木深。

山光悦鸟性，潭影空人心。

万籁此俱寂，但余钟磬音。

翻译： 清晨我走进这座古老寺院，旭日初升映照着山上树林。竹林掩映的小路通向幽深处，禅房前后花木繁茂又缤纷。山光明媚使飞鸟更加欢悦，潭水清澈也令人爽神净心。此时此刻万物都沉默静寂，只留下了敲钟击磬的声音。

一般的文字翻译，是按照一句一句来翻译的，句子与句子之间的关联性不强，因此往往会出现这样的记忆

---

1 《中华经典必读》编委会．中华最美古诗词 [M]．北京：中国纺织出版社，2012.

困境：每一句都读得很熟练了，可是背完第一句之后，第二句就想不起来了（或者背完第二句想不起第三句）。

情景联想的作用，就是解决这种上下文之间联系不紧密、容易断片的问题，让我们大脑里的图像能够像电影情节那样连续展现，以获得最佳的记忆效果。

本诗的情景联想：

清晨我来到一座古老的寺庙，推开大门，一道灿烂的阳光透过高高的树林照在我身上。我沿着树林里弯弯曲曲的羊肠小道往前走，越往里走，感觉越幽静。路的尽头是一座禅房，禅房周围布满了树和花。我在禅房门口抬头一看，看到了一座山，阳光从山那边照射过来；阳光之中有几只小鸟在欢快地飞着、叫着。小鸟飞过了一个水潭，我低头一看，水潭里倒映着小鸟和我的影子，让我的心完全放空了。我看着潭水陷入了沉思，只感觉到鸟的叫声和其他各种声音越来越低，最后变成一片寂静。忽然，寺里的一阵钟声让我从沉思中回过神来。

《题破山寺后禅院》这首诗，共有 4 句，即使理解了，有了初步的图像感，要想从前到后顺利背下来也并不容易，因为 4 个句子之间的关联度并不高。所

图 2-8 《题破山寺后禅院》情景联想示意

以，需要运用情景联想法，把这 4 个句子更紧密地联
想起来。

这首诗情景联想法运用的重点，有这样几个地方：

"初日照高林"与"曲径通幽处"之间，是这样联
想的："沿着树林里弯弯曲曲的小道往前走"，这样，"曲
径"跟"高林"就有了联系。

"禅房花木深"与"山光悦鸟性"之间，是这样联想
的："我在禅房门口抬头一看，看到了一座山"。"禅房"
跟"山"之间，本来没有什么联系，通过想象"在禅房
门口抬头看到一座山"，它们之间就联系起来了。

　　"山光悦鸟性"与"潭影空人心"之间，本来也没什么关联，我们想象小鸟飞过了一个水潭，就在它们之间建立了联系。

　　在潭水前沉思，各种声音慢慢消失，这样的想象又在"潭影空人心"与"万籁此俱寂"之间建立了联系。

　　有了这些前后联系，整首诗就构成了一幕幕具有很强连续性的生动情景，成为一部小电影、一个小视频，这样我们大脑强大的图像记忆能力就被调动出来了。

　　情景联想与普通文字翻译的不同之处主要有两点：一是在大脑中要主动构想画面；二是句子之间要加入额外的联想，让整个想象更有情节感。这两点的作用，都是为了帮助我们的大脑构想具有情节感或故事感的连续图像，通俗点说，就是编故事，编一个有情节的、生动连续的故事。

　　对于专业的资料，很多时候也适合运用情景联想法。例如《中华人民共和国刑事诉讼法》第八十四条[1]：

　　　　对于有下列情形的人，任何公民都可以立即扭送公安机关、人民检察院或者人民法院处理：（一）正在实行犯罪或者在犯罪后即时被发觉的；（二）通

1　中华人民共和国刑事诉讼法 [M]. 北京：中国法制出版社，2018.

缉在案的；（三）越狱逃跑的；（四）正在被追捕的。

"扭送公安机关""正在实行犯罪""通缉在案""越狱逃跑""追捕"等关键词，要在大脑中构想相应的画面，并不难。但是，如果没有一个连续的情景，可能就会记不牢，或者读很多遍都记不全。

运用情景联想法，可以这样来记忆：

有一次，我看到有个人在砸银行外面的取款机（正在实行犯罪），我立刻抓住他，把他扭送到公安局（扭送公安机关）。到了公安局之后一审问，原来他还是个通缉犯（通缉在案），赶紧把他关了起来。但没想到第二天他却越狱逃跑了（越狱逃跑），公安局给我打电话，邀请我一起去追捕他（追捕）。

情景联想，就是尽量把要记的内容编成故事，编的故事越生动、越有趣，记忆效果就越好。

· 关键词联想：提示 + 串联的应用

情景联想法是一个非常重要的方法，只要是成段的文字（例如诗词、课文、古文、专业资料等），原则上都适合运用情景联想法。但是，如果文字内容比较多（例如长篇诗词、长篇文章、较长的段落等），要去编一个长的、精彩的故事，就不那么容易。这个时候，就可以考虑用关键词联想法。

古诗记忆示范：《登高》

关键词联想法，就是从记忆资料之中，挑选出一些有提示作用的关键词，通过串联联想法把这些关键词记住，最后再通过这些关键词来回忆整体的资料。

例如这首诗：

登高[1]

〔唐〕杜甫

风急天高猿啸哀，渚清沙白鸟飞回。

无边落木萧萧下，不尽长江滚滚来。

万里悲秋常作客，百年多病独登台。

艰难苦恨繁霜鬓，潦倒新停浊酒杯。

这首《登高》，用情景联想法也可以记，但前后文之间的关联不是那么紧密，要想编出生动的故事，需要花

1　顾青编注. 唐诗三百首 [M]. 北京：中华书局，2016.

费一些时间来琢磨。如果想要更方便地进行记忆，也可以考虑用关键词联想法。

我找了 8 个关键词：猿、鸟、落木、长江、悲秋、登台、艰难、潦倒。

接下来要做的，就是把这 8 个关键词从前到后联系起来，可以这样进行联想：

一只猿飞扑到树上去抓鸟，鸟是抓住了，但是因为树枝承受不住猿的重量，所以树枝落了下来（落木），落到了长江里。猿和鸟不会游泳，它们非常悲伤（悲秋），正好它们被冲到了一个台上，它们

图 2-9 《登高》关键词联想示意

努力地爬上那个台（登台），爬得非常艰难，最后力气用尽，又倒在了江里（潦倒）。

有时候整个关键词不太好联想，用其中的一个字也可以，例如"悲秋"我用的是"悲"，"潦倒"用的是"倒"。

记住了这些关键词的顺序，然后就可以通过它们，把相应句子的顺序回忆出来了。

记忆的关键在于提示。死记硬背缺乏提示的线索，即使整首诗读得很熟练，经常也会出现背了两三句就想不起后面句子的情况，如果有人能提示一个词，就能继续背下去。

关键词联想法就解决了提示线索的问题，自己先把提示的关键词找出来，然后把这些关键词的顺序牢牢记住，每一句都能通过关键词的提示进行回忆，这样，就不会出现记忆卡顿的情况了。

找提示关键词，有几个原则：

第一个原则，是尽量找图像感突出的。例如"风急天高猿啸哀"这句，"风""天""猿"都是名词，但"风"和"天"的图像感都不够突出，而"猿"的图像感就很突出，有很强的提示作用，所以我们选择了"猿"作为关键词。

第二个原则，尽量选择句子前面部分的关键词。因为一句话之中，提示第一个词，会更容易回忆整句话，而提示最后一个词，前面的部分倒不一定能想起来。例如"艰难苦恨繁霜鬓，潦倒新停浊酒杯"，虽然"鬓"和"酒杯"都更有图像感，但对于整句话的回忆，就不如"艰难"和"潦倒"更有效。

第三个原则，就是哪个词更有利于整篇的串联联想，就找哪个词。例如"百年多病独登台"这句，虽然"登台"是最后一个词，但它跟前后的"悲秋""艰难"两个关键词更容易进行联想，所以我们就选择了"登台"作为关键词。

总之，关键词联想法中的关键词，主要起到提示的作用，只要觉得哪个词更有利于整句的提示以及前后文的联想，都可以选用，并没有统一的标准。

现代诗记忆示范:《再别康桥》

相比古诗，现代诗的文字通常更多一些，往往适合用关键词联想法。例如徐志摩的这首:

再别康桥 [1]

徐志摩

轻轻的我走了，正如我轻轻的来；

我轻轻的**招手**，作别西天的云彩。

---

1 徐志摩. 徐志摩诗集（青少年版）[M]. 广州: 广东旅游出版社，2017.

那河畔的 金柳，是夕阳中的新娘；
波光里的艳影，在我的心头荡漾。

软泥上的 青荇，油油的在水底招摇；
在康河的柔波里，我甘心做一条水草！

那榆荫下的一潭，不是 清泉，是天上虹；
揉碎在浮藻间，沉淀着彩虹似的梦。

寻梦？撑一支 长篙，向青草更青处漫溯；
满载一船星辉，在星辉斑斓里放歌。

但我不能放歌，悄悄是别离的笙箫；
夏虫也为我 沉默，沉默是今晚的康桥！

悄悄的我走了，正如我悄悄的来；
我挥一挥 衣袖，不带走一片云彩。

    这首诗共 7 段，我们从每一段里找了一个有较强提示作用的关键词，共 7 个关键词：招手、金柳、青荇、清泉、长篙、放歌、衣袖。

    然后把这 7 个关键词联想起来：

053

我向金柳招了**招手**，**金柳**树下就飞起了一条**青荇**（青色的水草），青荇飘落到一潭**清泉**里，清泉上有人在船上边撑着**长篙**前行边**放歌**，雄浑的歌声把我的**衣袖**都震动起来。

这个联想的过程看起来虽然有点儿"无厘头"，但毕竟让 7 个毫不相关的词语都有了关联，让我们可以从前到后一个不漏地回忆出来。

记住了这 7 个词语之后，我们就可以把它们作为回忆线索，把相应的段落文字回忆出来。

当然，如果你对原文不熟悉，只是记住这 7 个词语，也是很难回忆原文的。所以，在找关键词进行联想之前，需要先把原文的图像都好好想几遍，基本上每段的文字都熟悉了，再进行关键词联想，这样就能很快记下来。

如果遇到关键词能想起来，但相应段落却不能完全回忆出来的情况，那说明对原文还不够熟悉，可以通过想象、联想的方法，把原文再加深记忆。

现代文记忆示范：《庐山的云雾》[1] 片段
现代文（包括语文课文、各种专业科目）的文字也

1 语文三年级下册 [M]. 苏州：苏州教育出版社，2016.

比较多，很多时候也适合用关键词联想法。

例如《庐山的云雾》里的这段：

> 庐山的云雾千姿百态。那些笼罩在山头的云雾，就像是戴在山顶上的白色绒帽；那些缠绕在半山的云雾，又像是系在山腰间的一条条玉带。云雾弥漫山谷，它是茫茫的大海；云雾遮挡山峰，它又是巨大的天幕。

像上面这段文字，如果用图像记忆法，通过想象，就能想到一幅幅生动的画面。然后有意识地从中找出关键词，例如找出"山头""半山""山谷""山峰"，这样，我们在回忆的时候，就容易多了。

如果再进一步把山的位置所对应的云雾的姿态找出来，例如"山头—白色绒帽""半山—玉带""山谷—大海""山峰—天幕"，这样进行对应联想，就能把整段文字轻松记住。

古文记忆示范：《道德经》[1] 片段

古文用关键词联想法的机会也挺多，例如《道德经》

---

1 饶尚宽译注. 老子 [M]. 北京：中华书局，2006.

第三十九章第一段：

> 昔之得一者：天得一以清；地得一以宁；神得一以灵；谷得一以盈；万物得一以生；侯王得一以为天下贞。

这段文字，把"天""地""神""谷""万物""侯王"找出来，通过串联联想来记住它们的顺序，可以这样联想：

天地之间有一个神灵，他在河谷里洗澡，洗完澡之后，变出了万物，然后安排一个人作为侯王来管理这些万物。

然后再进一步把"天—清""地—宁""神—灵""谷—盈""万物—生""侯王—贞"这些词语进行对应联想，把它们的对应关系记住，这样，整段话就能一个不差地记下来了。

关键词联想法与情景联想法都是很常用的联想记忆方法，都需要编生动活泼的故事，它们之间的主要区别是：

　　情景联想法不需要特别去找关键词，只是强调要有从前到后完整的故事情节，整个联想的过程跟原文的含义是高度相关的，有助于对原文加深理解。

　　而关键词联想法则需要找出原文中能帮助回忆的关键词，然后通过串联联想把这些关键词记住，串联联想的过程可以跟原文的含义无关，即使跟原文意思相差十万八千里也没关系。

　　相比而言，关键词联想法对原文的理解上的帮助，比情景联想法要弱一些。也就是说，关键词联想法对理解的帮助不那么大。所以，在能运用情景联想法的情况下，我们还是建议尽量多用情景联想法。只是当记忆资料比较多，情景联想比较难展开的时候，再考虑运用关键词联想法。

抽象信息的图像化

·代替法：用具体形象来代表其含义

　　具象的词语，只要是我们见过的，都可以想出图像。然而，随着我们的学习慢慢深入，就会接触到越来越多的抽象词语。那么，抽象词语怎样想像呢？

　　其实，大部分抽象词语，都是从具体的图像中来的。例如"植物"这个词，各种花草树木，都可以属于一个共同的大品类。因此，当我们想到"植物"时，脑海中出现的任意具体形象（花、草、树，或者牡丹花、柳树等更具体的形象），都可以作为"植物"的图像。这种用某个抽象词所包含的特定具体图像代表的方法，叫作"代替法"。

　　例如，看到"动物"这个抽象词的时候，我们可以用猫、狗、老虎等任意一个自己喜欢的图像代替。

看到"财务""经济"等抽象词的时候，我们可以用人民币、美元、黄金等与钱相关的图像代替。

看到"检查"这个抽象词的时候，我们可以用听筒、x光机、机场安检等图像代替。

总之，我们可以根据文意，灵活选择一个跟文意相关的图像对特定抽象词代替。

对于有些没有具体含义的抽象词（例如地名），也可以考虑用其中的一个字的图像代替。例如王维《使至塞上》[1]里的最后一句"萧关逢候骑，都护在燕然"，"萧关"和"燕然"都是地名，本身并没有具体的图像含义，这时，可以考虑用其中的"萧"和"燕"的图像代替。"萧"可以想到乐器（箫），"燕"可以想到燕子。这样，这句诗就有图像了。

另外，有些城市名，也可以用当地的特色物品代替。例如"北京"，可以想到天安门；"洛阳"，可以想到牡丹花；"新疆"，可以想到羊肉串……

·谐音法：无意义的信息也能图像化

有些资料，本身就是抽象的，没有具体的图像含义，

---

1 《中华经典必读》编委会. 中华最美古诗词 [M]. 北京：中国纺织出版社，2012.

这个时候往往就要用到谐音法来把它们转化为图像。

例如，**战国七雄**：齐、楚、燕、韩、赵、魏、秦。国家名是没有图像的，这个可以用谐音法，编成一句朗朗上口的话来进行记忆。

齐、楚、燕、韩、赵、魏、秦，可以谐音为：清楚严寒找围巾。

联想：我清楚我要去的地方非常严寒，所以出发前需要先把我的围巾找到，做好准备。

当然，里面有一两个字并不是那么谐音，但是为了要凑齐一句朗朗上口的话，有时候是需要进行一些调整的。

我们来看下面这个例子。

八国工业集团：美国、英国、德国、法国、日本、意大利、加拿大、俄罗斯。为了方便记忆，我们把这些国家名各取一个字，然后把顺序调整一下，就变成：俄、德、法、美、日、加、意、英。谐音为：饿的话每日加一鹰。

有些资料，很难想到图像，或者图像不够鲜明的，也可以用谐音的方法来进行记忆。例如**活跃度从高到低的金属元素**：钾、钙、钠、镁、铝、锌、铁、锡、铅、铜、汞、银、铂、金。

可以把这些元素分为 3 段，分别进行谐音：

钾、钙、钠、镁、铝：嫁给那美女

锌、铁、锡、铅：身体细纤（轻）

铜、汞、银、铂、金：统共一百斤

然后可以这样联想：

我想嫁给那个美女，那个美女身体细纤轻，统共只有 100 斤！

·数字编码：变抽象数字为具体图像

除了文字，还有一种常见的记忆资料：数字。数字本身是抽象的，要把数字转化为图像，常常需要用到象形法和谐音法。

单个的数字常用的是象形法。例如：1 像树（或铅笔等），2 像鸭子，3 像耳朵……

两位数字，常常会用谐音法。例如数字 84，可以谐音为"巴士"；46，可以谐音为"石榴"；79，可以谐音为"气球"……

在图像记忆法的运用里，由于常常会遇到需要记忆的数字资料，因此我们把数字 1 ~ 100（00）的编码预先设定好，制作成数字编码表，需要记忆的时候，就可以用这个数字编码表进行参考，而不必临时进行图像转化。

图 2-10　尚忆数字编码表（前 56 个数，共 100 个数）

57 武器	58 火把	59 五角星	60 榴莲	61 书包	62 驴儿	63 硫酸
64 牛屎	65 老虎	66 溜溜球	67 油漆	68 喇叭	69 牛角	70 冰淇淋
71 奇异果	72 企鹅	73 鸡蛋	74 骑士	75 积木	76 犀牛	77 机器人
78 青蛙	79 气球	80 巴黎	81 蚂蚁	82 靶儿	83 花生	84 巴士
85 白兔	86 八路军	87 白棋	88 爸爸	89 芭蕉	90 酒瓶	91 球衣
92 球儿	93 救生圈	94 教师	95 救护车	96 酒楼	97 酒席	98 酒吧
99 双锤	00 望远镜					

图 2-11 尚忆数字编码表（后 34 个数，共 100 个数）

这些数字编码，有一小部分是象形（例如 1 ~ 11，22，99，00 等），大部分是谐音，便于记忆有少部分谐音程度不是那么高，但是找不到其他更适合的，所以就需要多次重复记忆，例如 23- 和尚、24- 盒子、26- 河流等。

有个别编码需要进一步联想，例如 20- 摩托车，因为 20 的谐音是"二轮"，两个轮子的我们可以想到摩托；又如 33- 钻石，33 的谐音是"闪闪"，但"闪闪"没有图像感，我们可以进一步联想到闪闪发亮的钻石；61- 书包，61 想到儿童，儿童的形象容易跟婴儿混淆，所以我们就进一步联想到儿童上学用的书包。

这个数字编码表仅供参考，大家可以根据情况对这些编码进行灵活调整。尤其是在进行专业数字记忆训练的时候，往往需要用那些适合自己的个性化编码，那就需要在专业教练的指导下进行调整，建立自己专属的数字编码系统。

· 圆周率记忆

有了数字编码表，我们在进行数字记忆的时候，就比较方便了。例如，我们可以进行圆周率小数点后 100 位的记忆：

14 15 92 65 35 89 79 32 38 46

26 43 38 32 79 50 28 84 19 71
69 39 93 75 10 58 20 97 49 44
59 23 07 81 64 06 28 62 08 99
86 28 03 48 25 34 21 17 06 79

　　圆周率记忆是训练我们记忆力的很好方式，同时，通过圆周率的记忆，也有助于我们加深对数字编码的熟悉，以便能更熟练地把数字编码用到各种记忆情况中。

　　数字是抽象的、枯燥的，如果用声音记忆，从前到后去读的话，100 个无规律数字，即使读 1000 遍，也未必能一个不差地牢牢记住。

　　如果运用图像记忆法，每两个数字转化为一个图像，100 个数字共 50 个图，然后按照串联联想的方法，从前到后进行联想，很快就能轻松记住。

　　圆周率小数点后 100 位对应的编码如下：

　　钥匙、鹦鹉、球儿、老虎、珊瑚、白酒、气球、扇儿、沙发、石榴；

　　河流、石山、沙发、扇儿、气球、武林高手、恶霸、巴士、药酒、奇异果；

　　牛角、三角尺、救生圈、积木、棒球、火把、摩托、酒席、石球、狮子；

　　五角星、和尚、拐杖、蚂蚁、牛屎、勺子、恶霸、驴儿、葫芦、舅舅；

八路军、恶霸、耳朵、石板、二胡、绅士、鳄鱼、仪器、勺子、气球。

有了这些编码，我们可以通过额外的动作、故事，把这些编码从前到后联结起来。请大家跟着以下的文字展开生动的联想：

把彩色的钥匙（14）往鹦鹉（15）身上一拧，鹦鹉条件反射般地把脚下的球儿（92）用力踢了出去，球儿像箭一般飞了出去，击中了一只老虎（65），老虎倒了下来，掉在白色的珊瑚（35）堆里，珊瑚堆里有一把芭蕉扇（89），芭蕉扇扇飞了一个气球（79），气球爆炸了，掉出一把扇儿（32），扇儿掉在了沙发（38）上，沙发底下滚出了几个石榴（46）。

石榴滚到了河流（26）里，河流的水漫上来，淹没了石山（43），石山顶上的沙发（38）就漂了起来，沙发上插着一把扇儿（32），扇儿一扇，扇出了一个气球（79），气球上面站着一个武林高手（50），武林高手一掌打伤了恶霸（28），恶霸坐上了巴士（84）逃跑了，巴士里面有一瓶药酒（19），药酒里泡着一个神奇的奇异果（71）。

奇异果长着一只牛角（69），牛角上插着一把三角尺（39），三角尺掉到了救生圈（93）上，救生圈上有一堆积木（75），积木里飞出了一个棒球（10），棒球打中了火把（58），火把里冲出一辆摩托（20），冲到了酒席（97）上，酒席上滚出了一个石球（49），石球压扁了狮子（44）。

狮子嘴里吐出一个尖尖的五角星（59），五角星飞出去扎中了一个和尚（23），和尚拿着一把拐杖（07）在戳蚂蚁（81），蚂蚁爬到了牛屎（64）堆里，牛屎堆里飞出了一把勺子（06），勺子撞伤了恶霸（28），恶霸骑着驴儿（62），驴儿踢飞了葫芦（08），葫芦飞出去砸中了舅舅（99）。

舅舅找了一群八路军（86），去打恶霸（28），恶霸耳朵（03）被打掉了一只，掉到了石板（48）上，石板上有一把二胡（25），我把二胡交给了绅士（34），绅士坐在一只鳄鱼（21）身上，鳄鱼咬坏了仪器（17），仪器爆炸飞出了一把勺子（06），勺子飞出去戳破了一个气球（79）。

先熟悉每组数字对应的数字编码，然后根据以上的联想过程（也可以按照自己喜欢的方式去联想），慢慢去想。可以每 20 个数字进行记忆、复习、巩固，熟练记住之后，

图 2-12　圆周率小数点后 1 ～ 60 位的编码图，共 30 个图

图 2-13　圆周率小数点后 61 ～ 100 位的编码图，共 20 个图

再往下进行。看看多长时间能把圆周率 100 位牢牢记住。

图 2-12、图 2-13 是编码互动的图，跟着图去想，效果更好。如果有时间，你也可以根据自己的喜好给这些图进行涂鸦上色，说不定不知不觉之中，就能轻松记住啦！

· 历史年代记忆

数字记忆是训练图像联想能力的非常好的方式，几乎每个记忆大师都把数字记忆作为记忆训练的基本功。

数字记忆的用途非常广泛，因为我们日常的学习、工作、生活，经常都会遇到需要记忆的数字资料，例如电话号码、资金数据、银行密码、历史年代等等。这里，我来讲一下历史年代的记忆方法。

历史年代主要是数字与事件之间进行联想，数字虽然是抽象的，但是可以通过灵活的谐音，把数字变成生动的图像。在对数字进行谐音的时候，可以参考数字编码表，也可以根据情况灵活地进行谐音。

例如，马克思的出生日期是 1818 年 5 月 5 日，可以这样联想：

> 马克思的出生，就像一个巴掌一个巴掌（1818），把资本家们打得呜呜（55）地哭。

再如，秦始皇统一中国，是公元前 221 年，可以这样联想：

秦始皇是怎样统一中国的呢？就是花钱（前）买了两条（2）神奇的鳄鱼（21），把两条鳄鱼放出去，敌人立刻投降，于是很快就统一了中国。

又如，公元 105 年，蔡伦改进了造纸术，可以这样联想：

蔡伦改进了造纸术，让大家可以用纸来写字，为社会发展做出了很大的贡献，这是送给整个世界的一份（1）礼物（05）。

这样是不是很简单？只要根据灵活的谐音，把数字变成生动的图像，然后跟相应的事件进行联想，就可以轻松地记住历史事件了。而且，想象越生动有趣，记忆效果就会越明显。

下面我们精选了中国从夏朝开始到新中国成立这 4000 年间所发生的 50 个重要历史事件，你可以尝试着用联想的方法，看看是否能把这些事件一个不漏地记住？

4000 年中国 50 大事件 [1] 联想记忆示范

1. 约公元前 2070 年　禹建立夏朝

联想：有一条鱼（禹）趴在摩托（20）上吃冰激凌（70），但是夏天（夏）太阳很猛烈，很快把冰激凌烤融化了。

2. 公元前 1600 年　商朝建立

联想：这一路（16）上的商店（商）卖的全是望远镜（00）。

3. 公元前 1046 年　周朝建立

联想：我用棒球（10）把石榴（46）敲碎，然后拿它去熬石榴粥（周）。

4. 公元前 356 年　商鞅变法开始

联想：我在商店（商鞅）里花钱（前）买了 3 只蜗牛（356），然后开始给大家表演变戏法（变法）。

5. 公元前 221 年　秦始皇统一中国

联想：秦始皇是怎样统一中国的呢？就是花钱（前）买了两条（2）神奇的鳄鱼（21），把两条鳄鱼放出去，

1　张海洋，方然. 超强大脑是这样练成的 [M]. 北京：化学工业出版社，2016.

敌人立刻投降，于是很快就统一了中国。

6. 公元前209年　陈胜、吴广起义爆发

联想：陈胜、吴广花钱（前）买了两个领袖（209）头衔，然后就带领大家起义了。

7. 公元前202年　刘邦建立西汉

联想：刘邦花钱（前）买了两个铃儿（202），用力摇啊摇，摇出一身汗（西汉），西汉就这样建立了。

8. 公元前138年　张骞第一次出使西域

联想：张骞花钱（前）买了一张沙发（138），请人抬着去出使西域。

9. 公元8年　西汉灭亡

联想：这个葫芦（8）真吸汗（西汉），把我的汗全吸干了。

10. 公元9年　王莽建立新朝

联想：一条蟒蛇（王莽）居然拿着球拍（9）在打球，这真是一件新（新）鲜事。

11. 公元25年　刘秀建立东汉

联想：刘秀在舞台上秀了一把二胡（25），舞台东边的人大喊（东汉）"拉得好！"

12. 公元105年　蔡伦改进造纸术

联想：蔡伦改进了造纸术，让大家可以用纸来写字，为社会发展做出了很大的贡献，这是送给整个世界的一

份（1）礼物（05）。

13. 公元 132 年　张衡发明地动仪

联想：张衡发明的地动仪非常灵敏，即使一把扇儿（132）扇出的风，它都能感应到。

14. 公元 200 年　官渡之战

联想：官渡之战进行的时候，曹操和袁绍两个人（2）都拿着望远镜（00）在观看战场的情况。

15. 公元 208 年　赤壁之战

联想：我骑着摩托（20），冲到峭壁（赤壁）上去摘葫芦（8）。

16. 公元 220 年　魏国建立

联想：我给鸳鸯（22）喂了一个果子（魏国），它们很快就下了一个蛋（0）。

17. 公元 221 年　蜀国建立

联想：两条鳄鱼（221）帮助叔叔（蜀）建立了一个国家。

18. 公元 222 年　吴国建立

联想：你这个做法实在太二了，简直是二、二、二（222），你这样下去是会误国的（吴国）。

19. 公元 265 年　西晋建立

联想：两（2）只老虎（65）跑得快，一下跑进了西瓜地（西晋）。

20. 公元 317 年　东晋建立

联想：我带上 3 个仪器（317），去了趟东京（东晋）。

21. 公元 383 年　淝水之战

联想：两个小孩在沙发上（383）打起了肥皂水（淝水）大战。

22. 公元 581 年　杨坚建立隋朝

联想：一只羊坚持（杨坚）要往水（隋）里放 5 只蚂蚁（581）。

23. 公元 605 年　隋朝杨广开通大运河

联想：杨广开通的大运河，给中国留（6）下了一个非常好的礼物（05）。

24. 公元 618 年　李渊建立唐朝

联想：李渊在京东 618 促销的时候买了很多糖（唐）。

25. 公元 960 年　赵匡胤宋建立宋朝

联想：赵匡胤建立宋朝的时候，我给他送了 9 筐榴莲（60）。

26. 公元 1069 年　王安石变法开始

联想：王安石推动变法的时候，在头上安了 10 个牛角（69），谁不服就用牛角顶谁。

27. 公元 1206 年　成吉思汗建立蒙古政权

联想：成吉思汗去某个地方建立蒙古政权的时候，是由一个婴儿（12）领路（06）过去的。

28. 公元 1271 年　忽必烈建立元朝

联想：一群蒙古婴儿（12）忽然起义（71），建立了元朝。

29. 公元 1368 年　朱元璋建立明朝

联想：朱元璋建立明朝的时候，一群医生（13）给他吹喇叭（68）。

30. 公元 1405 年　郑和下西洋

联想：郑和下西洋的时候，带了很多钥匙（14）作为礼物（05）送给沿途的国家。

31. 公元 1421 年　朱棣迁都北京

联想：快要死的鳄鱼（1421）已经没有力气追了，那群猪赶紧跑啊跑，跑到了北京。

32. 公元 1636 年　清朝建立

联想：尽管一路（16）上走的都是山路（36），但他们终于在山顶上找到了一个清澈的水潭，建立了清朝。

33. 公元 1644 年　清军入关，明朝灭亡

联想：清军攻入山海关之后，杀了很多人，一路（16）上都是死尸（44）。明朝灭亡。

34. 公元 1662 年　郑成功收复台湾

联想：郑成功收复台湾的时候，是一路（16）骑着

驴儿（62）过去的。

35. 公元1689年　中俄签订《尼布楚条约》

联想：中俄两国代表在杨柳（16）树下边喝白酒（89）边签条约，结果签订的条约你不清楚（尼布楚）、我也不清楚，一塌糊涂。

36. 公元1839年　林则徐虎门销烟

联想：林则徐在虎门把鸦片全都销毁了，姨妈（18）没有鸦片吃了，只好不停地吃香蕉（39）。

37. 公元1842年　中英《南京条约》签订

联想：中英两国代表在南京签订条约的时候，姨妈（18）摘了很多新鲜的柿儿（42）送过去给他们吃。

38. 公元1851年　洪秀全金田起义、太平天国建立

联想：洪秀全走过一片金色的田地的时候，泥巴（18）里窜出了一只狐狸（51），建议洪秀全起义、建立太平天国。

39. 公元1860年　《北京条约》签订

联想：北京条约签订完毕之后，大家抓了一把榴莲（1860）大口大口地吃了起来。

40. 公元1894年　甲午中日战争

联想：姨妈（18）想起了旧事（94），她的爷爷就是在甲午中日战争中牺牲的。

41. 公元 1895 年　中日《马关条约》签订

联想：中国又打输了，在马背上签订了《马关条约》，姨妈（18）气得心脏病发，被救护车（95）送去了医院。

42. 公元 1898 年　戊戌变法

联想：姨妈（18）在酒吧（98）里喝酒的时候，吹嘘说戊戌变法是她爷爷推动的。

43. 公元 1900 年　八国联军侵略中国

联想：八国联军侵略完中国，要走（19）的时候，街上看不到一个人，拿起望远镜（00）一看，人们都躲到山上去了。

44. 公元 1901 年　《辛丑条约》签订

联想：我打开了一瓶药酒（19），又打开另一（01）瓶药酒，结果这些药酒全都又腥又臭（辛丑）。

45. 公元 1911 年　武昌起义

联想：武昌起义的时候，士兵们多数是拿着筷子（11）上阵杀敌的。

46. 公元 1915 年　新文化运动开始

联想：新文化运动开始的时候，很多鹦鹉（15）飞出来帮忙呐喊。

47. 公元 1919 年　五四运动爆发

联想：期待已久（19）的五四运动终于爆发了。

48. 公元 1940 年　百团大战

联想：百团大战是由司令（40）直接指挥 100 个团共同参与的。

49. 公元 1949 年　新中国成立

联想：新中国成立以后，破除了四旧（49）。

50. 公元 1964 年　我国第一颗原子弹爆炸成功

联想：原子弹爆炸的时候摧毁了很多东西，唯独那堆牛屎（64）完好无损。

前几个年代是公元前的，其中历史比较久远的，例如"夏商周"，不用想也知道是公元前的，我们就没有单独对"公元前"进行联想。而有一些不太容易分清是公元前还是公元后的，我们就加入了对"公元前"的联想。20 世纪发生的事情，由于离我们年代不算久远，所以有些事件我们就没有把 19 联想进去。

第三章

揭秘篇

高效的顺序记忆是超
级记忆力的核心

记住了顺序才算完成记忆

· 记忆的关键问题是如何记顺序

记忆的关键的问题是如何记顺序。

例如这里有一组词语：

自行车、奖杯、火炬、帆船、大象、长颈鹿、乌龟、钢琴、螃蟹。

这里的 9 个词语，我们每一个都认识，那是不是只要认识了就相当于记住了呢？不是的，我们真正记的，是这些词语的先后顺序，需要从前到后一个不差地按顺序记住才行。

又如《道德经》[1] 最后一章：

信言不美，美言不信。

善者不辩，辩者不善。

知者不博，博者不知。

圣人不积，既以为人己愈有，既以与人己愈多。

天之道，利而不害；圣人之道，为而不争。

这里的每一个字我们都认识，我们只是没记住这些字的排列顺序。怎样才算把这章的文字记住呢？只有把这些文字从前到后一个不差地按顺序记住才行。

有时候我们读得很熟练了，每一句都能脱口而出，但是回忆完第二句的时候，第三句回忆不起来了。那就是因为这些句子的顺序没有牢牢记住。

又例如这样一串数字：

12349876567854323456876523456543

上面的每个数字我们都认识吧？难度只是在于怎样记住这些数字的排列顺序。如果你善于找规律，可以把这串数字的排列规律找出来：

1234、9876、5678、5432、3456、8765、

1　饶尚宽译注. 老子 [M]. 北京：中华书局，2006.

2345、6543

规律是找出来了，每四个数字都是先递增后递减。但问题是，这里有 8 组数字，要记住每组开头的那个数字，这 8 个开头数字的排列顺序也同样不好记啊。

英文单词也同样如此，例如这个单词：method（方法），这里每个字母都认识，字母本身不需要去记，我们真正要记的就是 m、e、t、h、o、d 的这样一种字母排列顺序，你要能清晰地回忆出第一个字母是什么、第二个字母是什么……一个都不能错，才算是把这个单词的拼写真正记住。

· 怎样更好地记住顺序？

同样是记顺序，声音记忆与图像记忆的运用有很大的差别。

声音记忆是这样进行的，例如这个单词：dictionary（字典），我们要反复默念 d、i、c、t、i、o、n、a、r、y，默念的次数多了，声音之间会自然形成条件反射，dictionary 自然也就记住了。但是 dictionary 与"字典"之间的关联还没有建立，还需要"dictionary、字典""dictionary、字典"这样重复很多遍才行。

然而这种缺乏图像、缺乏情感的条件反射并不牢固，记住了之后，又容易忘记，所以是难记而易忘的死记硬背。

我们知道，记忆可以分为短时记忆和长时记忆，提升记忆效率，就是要把短时记忆的东西尽快变成长时记忆，这样，当我们需要用到这些信息的时候，就可以很快地回忆出来。

如果一串信息，它们之间形成的条件反射并不牢固，那么就很难进入长时记忆。死记硬背，就是因为信息之间的条件反射不牢固，需要大量的重复、反复的复习，然后才能慢慢建立牢固的联结，从而转入到长时记忆之中。

要更好地记忆信息之间的顺序，主要的方式有两个：一个是巧妙地减少信息量；另一个就是增强这些信息之间的关联性。

减少信息量

例如这个单词：hesitate（犹豫），这个单词里共有 8 个字母，也就是 8 个信息。然而，如果我们把这个单词分为这样 3 个部分：he（他）、sit（坐）、ate（吃，eat 的过去式），这 3 个部分我们都是熟悉的，所要记的信息就大大减少了。把所要记的信息进行划分归类，找出我们所熟悉的部分，这就是减少信息量的方法。

以宋词来举例：

浣溪沙·一曲新词酒一杯[1]

〔宋〕晏殊

一曲新词酒一杯，去年天气旧亭台。

夕阳西下几时回？无可奈何花落去，

似曾相识燕归来。小园香径独徘徊。

图 3-1　《浣溪沙·一曲新词酒一杯》记忆顺序示意

---

1 《中华经典必读》编委会．中华最美古诗词 [M]．北京：中国纺
织出版社，2012.

这首词共 42 个字，我们在记的时候，其实也不是一个字一个字去记的，"一曲新词酒一杯"这句文字相互之间的联系比较紧密，想一想、读一读，就能记住；"去年天气旧亭台""夕阳西下几时回"等句子也同样如此。因此，这首词，我们真正要记的，其实是 6 个句子的顺序，这样一来，记忆量其实是 6 个，而不是 42 个。

增强信息之间的关联性

图像记忆，就是增强信息之间关联性的很好方法。例如：兔子、石头、核桃，这 3 个信息之间本来没有什么关联性，但如果我们发挥想象力，想象一只兔子拿起了石头去砸核桃，那么，这些信息之间就产生了关联性。我们想到兔子的时候，就自动会联想起石头，想到了石头，就自动会联想起核桃。

图像记忆，可以通过联想让原本没有任何关联的信息产生了关联，想起第一个，就能想起第二个、第三个、第四个……于是就可以轻松地记住这些信息的顺序了。

通过这些联想，信息之间有了紧密的联系，一连串的信息都可以紧密地联结起来，所以，这些信息能够很快地转入到长时记忆之中，不需要太多的复习和重复，因此就大大地提升了记忆的效率。

图像记忆是很灵活的，每个人都可以自由地发挥想象力，例如上面那个例子，你也可以这样想：兔子不小心撞到了一块大石头，结果从石头里蹦出来一个核桃。还可以这么想：兔子举起了一块大石头，结果从石头里飞出了一个核桃……

简单的几个信息，都可以发挥出无穷的想象力，而这个想象过程越幽默、越好玩、越搞笑，我们就越容易记住。所以，运用想象力去进行记忆，有很大的发挥空间，可以通过调整想象过程，从而让记忆效率越来越好。

相比而言，声音记忆之所以效率低，就是因为声音信息之间没有什么关联性，只能依靠多次重复形成条件反射，而且很难转入长时记忆，因此效率很低。

声音记忆与图像记忆的差别，不仅表现在记忆效率上，同时还表现在主动性上。声音记忆是被动的重复，用得越多，就显得越呆板。而图像记忆充满主动的创造力，用得越多，就越灵活，越有创造力。

通过联想来增强信息之间关联性的方法有很多，除了从前到后进行的串联联想之外，比较常用的还有简化法和定桩法。而定桩法又包括身体桩、人物桩、语句桩、数字桩、地点桩等等。

简化法——复杂信息记忆

· 简化法的运用：抽取单字 + 谐音

　　简化法，是把那些相对复杂的记忆资料，进行简化处理，减少记忆量，并运用谐音法来整合成简单易记的句子，让我们能记得更轻松更牢固。简化法的运用，通常是从每个记忆词语中抽取一个字，组成一个简单易记并且充满图像感的句子。

　　例如我们要记忆中国的**五大经济特区**：珠海、汕头、厦门、深圳、海南。

　　这里是 5 个地名，很抽象，没有图像感，相互之间也缺乏关联。如果用串联联想法，要先将 5 个地名分别进行图像转化，然后再联想起来。

　　例如：珠海，可以想到一片大海；汕头，可以想到一座山头；厦门可以想象一扇大门；深圳，可以先联想到"世界之窗"；海南，可以联想到椰子。然后把"大海""山头""大门""世界之窗""椰子"这 5 个图像串联想起来。这样也可以记住，但是有点复杂。

如果用简化法就没有那么复杂，可以从这 5 个地名中各提取一个字：珠、头、厦、深、海，然后谐音为一句话：猪头下深海。这样是不是就好记了很多？

简化法尤其适合用来记忆那些抽象的简短资料，例如下面这几个例子：

人格权包括：姓名权、肖像权、名誉权、隐私权。

我们可以各取一个字：姓、肖、名、隐。联想："你叫什么名字？""在下姓肖名隐，肖隐。"

影响气候的主要因素：海陆分布、洋流、纬度、大气环流、地形。

各取一个字：海、洋、纬、大、地。谐音为：海洋围大地。联想：地球的环境特点就是海洋围大地，这就决定了影响气候的因素。

1901 年与八国联军签订的《辛丑条约》内容：

1. 清政府赔款白银 4.5 亿两；

2. 要求清政府严禁人民反帝；

3. 允许外国驻兵于中国铁路沿线；

4. 划定北京东交民巷为"使馆界"，允许各国驻兵保护。

这里有 4 条内容，每条内容可以找一个比较有提示作用的字来表示，例如第一条讲的是赔钱，可以用"钱"字；第二条用"禁"字；第三条用"兵"字；第四条用"馆"字。合起来就是"钱、禁、兵、馆"，谐音为：前进宾馆。联想：辛丑条约是在前进宾馆签订的。

有些诗，也可以运用简化记忆法来进行记忆。

例如：

山居秋暝 [1]

〔唐〕王维

空山新雨后，天气晚来秋。

明月松间照，清泉石上流。

竹喧归浣女，莲动下渔舟。

随意春芳歇，王孙自可留。

提取的 4 个字，经过谐音之后组成一句话：孔明煮水。联想：我在山上居住的时候，遇到了孔明，他非常热情地接待我，给我煮了一杯水。

古诗运用简化法来记忆的时候，建议尽量找每句的

1　顾青编注 . 唐诗三百首 [M]. 北京：中华书局，2016.

图 3-2 《山居秋暝》简化法记忆示意

第一个字，因为第一个字的提示作用较强。另外，需要注意的是，找的字越多，组成一句朗朗上口的句子的难度就越大，所以《山居秋暝》我们只找了 4 个字，而不是 8 个字。

当然，记住了每句的开头那个字，只是整首诗记忆的一个环节，还需要把每句诗熟练记住才行。

在许多科目的学习之中，我们常见的一种"歌诀记忆法"，其实也是属于简化记忆法的灵活运用。

例如对中国的历史朝代，可以整理为下面这个歌诀：

尧舜禹、夏商周，春秋战国乱悠悠；

秦汉三国西东晋，南朝北朝是对头；

隋唐五代又十国，宋元明清帝王休。

通过上面的歌诀，多读几遍，多想想，就能够把中国从"尧舜禹"开始的历史朝代按顺序轻松地记住了。

· 巧记社会主义核心价值观

党的十八大提出，倡导富强、民主、文明、和谐，倡导自由、平等、公正、法治，倡导爱国、敬业、诚信、友善，积极培育和践行社会主义核心价值观。

富强、民主、文明、和谐是国家层面的价值目标；自由、平等、公正、法治是社会层面的价值取向；爱国、敬业、诚信、友善是公民个人层面的价值准则。这 24 个字是社会主义核心价值观的基本内容。

怎样巧妙而快速牢记这 12 个词呢？我们可以把这12 个词各取一个字作为提示，然后运用故事联想的方法来进行记忆。

国家：富强、民主、文明、和谐（富、民、文、和—扶民问何）

社会：自由、平等、公正、法治（由、平、正、法—油瓶蒸发）

个人：爱国、敬业、诚信、友善（爱、敬、诚、友—爱京城友）

然后可以展开这样的联想：

我扶起了一个农民，问他为何摔倒（扶民问何）。农民说，地上打碎了很多油瓶，那些油不容易蒸发（油瓶蒸发），导致地上很滑。然后说，您这么热心扶起我，让我更喜爱京城里这种友善的氛围了（爱京城友）。

图 3-3 简化法记"社会主义核心价值观"（一）

只要记住"扶民问何""油瓶蒸发""爱京城油"这 3 句话 12 个字，然后再根据这 12 个字的提示，就能按顺序准确地回忆出社会主义核心价值观了！

图 3-4　简化法记"社会主义核心价值观"（二）

图 3-5　简化法记"社会主义核心价值观"（三）

定桩法——
一切有顺序、有图像的资料记忆

记忆主要就是记顺序，串联联想法是把记忆资料直接从前到后按顺序进行联想，而定桩法则是先建立一套有明确顺序的记忆桩，然后再把记忆资料跟这些记忆桩进行联想。

原则上，只要有顺序、有图像的东西，都可以作为记忆桩。常用的记忆桩包括：身体桩、人物桩、语句桩、数字桩、地点桩等。

我们先来看一下身体桩。

·身体桩：把记忆信息与身体部位挂钩

身体桩是指用我们的身体部位来做记忆桩子，把记忆信息与这些身体部位对应挂钩，从而帮助记忆。

身体桩一般来说都是按照从上到下的顺序，选择 10 个或 10 多个部位作为常用的桩子，每个人可根据自己的习惯来选择具体的部位，但原则是要形成明确的顺序。

例如我们可以选择身体的这 12 个部位组成一个桩子表：

头发、眼睛、鼻子、嘴巴、耳朵、脖子、肩膀、手掌、肚子、屁股、膝盖、脚掌。

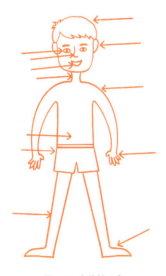

图 3-6 身体桩示意

这 12 个桩子在身体中从上到下有着明确的顺序，只要在自己的身体上按顺序稍微想一两遍就能轻松记住。

12 个桩，能记 12 个资料。例如，我们要到超市买东西，买下面这些物品：

洗发水、酱油、卫生纸、香水、萝卜、电池、铅笔、苹果、啤酒、枕头、拖鞋。

我们可以把这 12 个物品一一对应放在我们自己的身体桩上，然后展开联想：

头发—洗发水：

　　头发脏了，要用洗发水洗头。

眼睛—酱油：

　　眼睛里滴进了几滴酱油，看外面的世界都是酱油的颜色了。

鼻子—卫生纸：

　　感冒流鼻涕了，用了一卷卫生纸。

嘴巴—香水：

　　最近吃东西没有味道，给嘴巴喷一喷香水增加味道。

耳朵—萝卜：

　　从耳朵里拔出了一个萝卜。

脖子—电池：

　　我的脖子又细又长，像电池一样。

肩膀—铅笔：

　　我的肩膀上插满了铅笔。

手掌—苹果：

　　我的手掌托着一个苹果。

肚子—啤酒：

　　我的肚子最近变圆了，像个啤酒肚。

膝盖——枕头：

　　如果回家要跪搓衣板的话，我宁愿跪枕头。

脚掌——拖鞋：

　　我来超市买东西的时候，脚上穿的是拖鞋。

　　身体桩的运用要注意的地方是，记忆资料需要放到自己的身上进行想象，这样才能达到记忆效果。

　　如果记忆的资料本身没有严格的顺序要求，那么，我们可以根据身体桩的特点来调整资料的顺序，以方便联想。

　　有些时候，要记的资料本身是有固定顺序的，那我们就得按照顺序来进行记忆了，例如十二生肖：

　　子鼠、丑牛、寅虎、卯兔、辰龙、巳蛇、午马、未羊、申猴、酉鸡、戌狗、亥猪。

　　联想方法如下：

头发—子鼠：

　　有只母老鼠在我的头发上生了一个儿子。

眼睛—丑牛：

　　我的眼睛最近肿得厉害，像牛眼睛那样又大又丑。

鼻子—寅虎：

　　我的鼻子被一只银（寅）色的老虎咬掉了一半。

嘴巴—卯兔：

　　我的嘴巴里咬住了一只毛（卯）茸茸的兔子！

耳朵—辰龙：

　　有两条龙在我的两只耳朵旁盘踞了很久，龙身上已经铺满了灰尘（辰）。

脖子—巳蛇：

　　我的脖子上缠绕着四（巳）条蛇，它们越勒越紧，我的呼吸越来越困难。

肩膀—午马：

　　在大雾（午）之中，有一匹马撞到了我的肩膀。

手掌—未羊：

　　我的手掌上拿着一株草，准备去喂（未）羊。

肚子—申猴：

　　我的肚子上趴着一只猴子，它伸（申）出尾巴给我挠痒痒。

屁股—酉鸡：

    我的屁股蹭到了酱油（酉）鸡的油。

膝盖—戌狗：

    树（戌）下跑过来一条狗，把我的膝盖咬了一口。

脚掌—亥猪：

    我的脚底踩到一个软绵绵的东西，好害（亥）怕！低头一看，原来是一只小猪！

·人物桩：把能依顺序排列的熟悉人物作为记忆桩

能够按照一定顺序进行排列的熟悉人物，就能组成人物桩。例如爷爷、奶奶、外公、外婆、爸爸、妈妈、叔叔、婶婶等。

有些人，例如明星，或者同事、同学，虽然很熟悉，但是如果不能按照一定的顺序来排列他们，就没法作为人物桩来使用。

我们这里找了8个大家都熟悉的《西游记》里的人物，按照一定的资历顺序来排列如下：

如来佛、观音、太上老君、唐僧、孙悟空、猪八戒、沙僧、白龙马。

前面3个是老资格的神仙，后面5个是唐僧五师徒，这样的顺序还是容易记住的。

图 3-7　人物桩示意

我们用这 8 个人物桩来记一下"八荣八耻"：

以热爱祖国为荣，以危害祖国为耻；

以服务人民为荣，以背离人民为耻；

以崇尚科学为荣，以愚昧无知为耻；

以辛勤劳动为荣，以好逸恶劳为耻；

以团结互助为荣，以损人利己为耻；

以诚实守信为荣，以见利忘义为耻；

以遵纪守法为荣，以违法乱纪为耻；

以艰苦奋斗为荣，以骄奢淫逸为耻。

"八荣八耻"共八组，每一组都是对应的关系，能想到前面"荣"的内容，就能轻松想起后面"耻"的内容。所以我们从每组里找出一个关键词，然后跟人物桩进行对应联想就行。

联想参考：

如来佛—祖国：

　　如来佛的祖国到底是印度，还是中国？

观音—人民：

　　观音为什么受到广大人民的欢迎？因为她是送子观音啊。

太上老君—科学：

　　太上老君应该是最有科学精神的一位神仙了，因为他总是在研究炼丹。

唐僧—辛勤劳动：

　　唐僧真是辛勤劳动的好榜样，向西天取经，永不止步。

孙悟空—团结互助：

　　孙悟空的最大缺点就是缺乏团结互助精神，见到妖怪就打，也没想到要去感化他们。

猪八戒—诚实守信：

　　猪八戒总爱撒谎，欠缺诚实守信的美德。

沙僧—遵纪守法：

　　以沙僧那种性格，放在现代的话肯定是个遵纪守法的好公民；

白龙马—艰苦奋斗：

　　《西游记》里白龙马的处境是最艰苦的，不是驮着唐僧就是驮着行李，而且还不能经常变回人样。

　　身体桩十二个，人物桩八个，加起来有二十个，如果遇到需要用二十个桩的情况，我们也可以把它们合起来使用。

　　例如我们要记忆苏轼的《念奴娇·赤壁怀古》[1]这首词：

　　大江东去，浪淘尽、千古风流人物。故垒西边，人道是、三国周郎赤壁。乱石穿空，惊涛拍岸，卷起千堆雪。江山如画，一时多少豪杰。

　　遥想公瑾当年，小乔初嫁了，雄姿英发。羽扇纶巾，谈笑间，樯橹灰飞烟灭。故国神游，多情应笑我，早生华发。人生如梦，一樽还酹江月。

---

1 《中华经典必读》编委会 . 中华最美古诗词 [M]. 北京：中国纺织出版社，2012.

把这首作品分为二十个小句，然后用二十个身体人物桩来进行记忆，可以这样进行：

头发—大江东去：

我在江边洗头发，刚洗了一会儿，头发就随大江往东飘去了。

眼睛—浪淘尽、千古风流人物：

我用浪花来淘洗眼睛，洗的时候，竟然看见江底下埋着许多千古风流人物。

鼻子—故垒西边：

我的鼻子像个堡垒凸起来，可惜它偏向了西边。

嘴巴—人道是、三国周郎赤壁：

我在旅游的时候，很多人都用嘴巴告诉我，我站的地方是三国时代周瑜打仗的赤壁。

耳朵—乱石穿空：

我的耳朵有很多耳洞，那是被乱石穿孔的。

脖子—惊涛拍岸：

江边的浪花拍到岸上，把我的脖子也拍疼了。

肩膀—卷起千堆雪：

我出去走了一趟，回来的时候肩膀上就铺满了雪。

手掌—江山如画：

我在自己的手掌上画了一幅江山图。

肚子—一时多少豪杰：

我摸了一下自己的肚子，鼓鼓的，看起来像一个豪杰的肚子。

屁股—遥想公瑾当年：

我摸了摸自己的屁股，遥想周公瑾当年，他应该是被曹军一箭射中了屁股。

膝盖—小乔初嫁了：

小乔嫁给周瑜的时候，两人膝盖着地，相互跪拜。

脚掌—雄姿英发：

周瑜的脚掌很大，走起路来雄姿英发。

如来佛—羽扇纶巾：

如来佛来到人间，摇着羽毛扇，戴上围巾，假扮成一个书生的模样。

观音—谈笑间：

观音总是笑眯眯地跟别人交谈。

太上老君—樯橹灰飞烟灭：

太上老君的炼丹炉倒了，火星飞到了一艘船上，立刻樯橹灰飞烟灭。

唐僧—故国神游：

唐僧西天取经之后，回到大唐进行故国神游。

孙悟空—多情应笑我：

孙悟空西天取经之后，跟着唐僧到了大唐，他以为很多人认识他，结果发现是自作多情了。

猪八戒——早生华发：

猪八戒经常想高小姐，思虑太多，结果年纪轻轻就长了很多白头发。

沙僧——人生如梦：

沙僧在西游记里总是挑着担子无所事事，整个人生就像梦游一样。

白龙马——一樽还酹江月：

白龙马修成正果之后，回到江边拿起酒杯，在月亮的陪伴下给他的父老兄弟敬酒。

身体桩和人物桩，数量并不多，偶尔可以用来记一下临时需要记忆的资料，不能经常用，经常用的话会容易产生一些记忆混淆。

·语句桩：以题目的关键字句作为记忆桩

什么是语句桩？语句桩就是在题目中找出核心的关键词或句，用每个字做桩来跟答案进行对应联想的一种记忆法。有几项答案就找几个字组成的关键词或句，然后一一对应的进行联想。这个方法在通常可以用来对简答题进行记忆。

例如，记忆王安石变法的主要内容：

a. 保甲法　b. 青苗法　c. 农田水利法　d. 募役法 e. 方田均税法

这里一共有 5 个答案，应该在题目中选取一个由 5 个字组成的句子来做记忆桩子，题目的核心"王安石变法"刚好 5 个字，用来做这道题的语句桩就最合适不过了。

联想方法如下：

王—大王—大王出行的时候喜欢抱着甲鱼（保甲法）。

安—安居—农民们安居的地方，地里的青苗（青苗法）就长得好。

石—石头—人们用石头拦成大坝，搞农田水利（农田水利法）建设。

变—政变—发生战争时，连木椅（募役法）都可能会被用来做武器。

法—法官—法官把一块方的田平均分给大家耕种，同时规定缴税比例（方田均税法）。

政治权力分配的现实模式：阶级分权、政党分权、政府横向分权、政府纵向分权。

联想记忆：

权—拳头—阶级斗争需要用拳头。

力—力量—要有足够的力量才能组成一个政党。

分—分开—两个人被分开的时候基本上是横向分开的。

配—配合—一个团队需要相互配合的时候，常常是说上下级之间的纵向配合。

简述 4 种注意品质：注意的稳定性、注意的广度、注意的分配、注意的转移。

联想记忆：

注—注入—把油注入瓶子里的时候，一定要保持瓶子的稳定。

意—得意—他非常得意地介绍说自己公司的产品线足够宽广。

品—品类—这么多的物品，需要按照它们的品类分配不同的地方存放。

质—质问—指挥官打电话来质问为什么部队还不尽快转移。

语句桩的运用，是要在题目中找出一个关键词或一句话，然后把其中的每个字都变成图像，一个字要变成一个图像，就需要进行灵活的图像转化处理。很多时候，需要记忆的简单题内容，都是没有固定顺序的，因此可以根据语句桩的特点，灵活调整答案的顺序。

语句桩的运用有一定难度，如果其他记忆方法（例如串联联想、简化法、画图记忆法等）能解决问题，可以尽量选用其他更容易的方法。

数字定桩——以数字编码作为记忆桩

·巧记《三十六计》：数字桩 + 图像还原

数字定桩，就是运用数字编码作为记忆桩来进行记忆。数字定桩是很常用的一种定桩方法。

如果要记的资料不多，例如二十个以内，那么，串联联想、关键词联想，基本上都能轻松应付。如果要记的资料有二三十个以上、一百个以下（因为数字编码只有一百个），那么，用数字桩就挺合适。

数字桩的运用，就是把数字转换为相应的数字编码图像，然后用数字编码跟相应的资料进行联想。例如，我们要记住 36 计的顺序：

1—瞒天过海　　2—围魏救赵　　3—借刀杀人

4—以逸待劳　　5—趁火打劫　　6—声东击西

7—无中生有　　8—暗度陈仓　　9—隔岸观火

10—笑里藏刀　　11—李代桃僵　　12—顺手牵羊

13—打草惊蛇　　14—借尸还魂　　15—调虎离山

16—欲擒故纵　　17—抛砖引玉　　18—擒贼擒王

19—釜底抽薪　　20—浑水摸鱼　　21—金蝉脱壳

22—关门捉贼　　23—远交近攻　　24—假道伐虢

25—偷梁换柱　　26—指桑骂槐　　27—假痴不癫

28—上屋抽梯　　29—树上开花　　30—反客为主

31—美人计　　　32—空城计　　　33—反间计

34—苦肉计　　　35—连环计　　　36—走为上

联想记忆参考:

1—树—瞒天过海:

联想: 小明抱着一棵树跳进大海, 树冠帮他瞒着天, 他偷偷地游泳到对岸。

2—鸭子—围魏救赵

联想: 一群鸭子围着卫(魏)生间, 救一台掉下去的照(赵)相机。

3—耳朵—借刀杀人

联想: 小明借了把刀想去杀人, 但是他学艺不精, 不小心把自己的耳朵割伤了。

4—红旗—以逸待劳

联想：爬山比赛，我把红旗放到山顶，然后就躺下来休息了，等待队友们劳累地爬上来，看谁先上来就把红旗给谁。

5—钩子—趁火打劫

联想：小明拿着钩子去逛街，看到有个银行着火了，赶紧把钩子甩过去，想趁火打劫，结果被发现了。

6—勺子—声东击西

联想：小明用勺子敲了一下冬瓜（东），又击打了一下西瓜（西），看哪个瓜好就买哪个。

7—拐杖—无中生有

联想：我拿着一把神奇的拐杖给大家表演魔术，拐杖往墙上一指，墙上立刻出现了一台彩电，这个"无中生有"的表演让小伙伴们都惊呆了！

8—葫芦—暗度陈仓

联想：小明躲在一个大葫芦里，暗中度过了那个陈旧的仓库（陈仓）。

9—球拍—隔岸观火

联想：小明和他的同学在岸边拿着球拍在打羽毛球，突然，对岸着火了，小明他们若无其事地继续打球，抽空还看一下对岸的火势烧得怎样了。

10—棒球—笑里藏刀

联想：打棒球的时候，如果对手偷偷地向你笑，而

且把球向你扔过来的时候，你要小心了，因为球里可能
会藏着一把飞刀。

11—筷子—李代桃僵

联想：我拿着筷子，夹住一个李子，又夹住一个桃
子，然后喂给僵尸。

12—婴儿—顺手牵羊

联想：有个婴儿到邻居家去玩，回家的时候顺手把
邻居家的羊也牵走了。

图 3-8　数字定桩《三十六计》1 ～ 12 计示意

13—医生—打草惊蛇

联想：医生给生病的植物打针的时候，惊动了草丛中的蛇。

14—钥匙—借尸还魂

联想：我借了一个尸体，然后用一把神奇的钥匙拧了一下尸体的大脑，他的魂就回来了。

15—鹦鹉—调虎离山

联想：鹦鹉用计把老虎调离了那座山。

16—杨柳—欲擒故纵

联想：我在杨柳树下钓鱼，把鱼抓住之后把它放到一个鼓中（故纵），这个鼓是我专门用来装鱼的。

17—仪器—抛砖引玉

联想：我把一块砖头抛入一个神奇的仪器中，不一会就变出了一块玉。

18—泥巴—擒贼擒王

联想：我把敌人引到泥巴地里，然后轻松地抓住了他们的大王。

19—药酒—釜底抽薪

联想：敌人煮药酒的时候，我把锅底下的柴火抽走了，让他们煮不成。

20—摩托—浑水摸鱼

联想：我把摩托车开进一条浑浊的河里，鱼儿都吓

晕了，我趁机摸了好几条鱼。

21—鳄鱼—金蝉脱壳

联想：鳄鱼一口咬住了一个金蝉，但没想到金蝉把自己的壳脱掉之后就逃跑了。

22—鸳鸯—关门捉贼

联想：鸳鸯回家的时候，发现家里有贼，赶紧把门关上，把贼抓住了。

图 3-9　数字定桩《三十六计》13～24 计示意

23—和尚—远交近攻

联想：和尚喜欢云游四分跟远处的人交朋友，但却经常攻打旁边的寺庙里的其他和尚。

24—盒子—假道伐虢

联想：有个女孩子带着一盒珠宝嫁到法国（假道伐虢）。

25—二胡—偷梁换柱

联想：小明把爸爸的那个二胡的梁偷偷地换成了柱子，一拉就断了。

26—河流—指桑骂槐

联想：小明站在河流中央，指着桑树骂槐树。

27—耳机—假痴不癫

联想：小明戴上耳机听音乐，边听边跳，看起来疯疯癫癫的。

28—恶霸—上屋抽梯

联想：恶霸趁着我上屋顶之后，把梯子抽走了，然后要挟我给钱。

29—鹅脚—树上开花

联想：树上没有开花，长了很多鹅脚。

30—森林—反客为主

联想：森林里有很多毛毛虫，毛毛虫翻开一个盒子看到很多猪饲料，赶紧拿去喂猪（为主）。

31—鲨鱼—美人计

联想：鲨鱼经常扮成美人鱼，吸引大家上钩。

32—扇儿—空城计

联想：诸葛亮坐着轮椅，摇着扇儿，摆下了空城计。

33—钻石—反间计

联想：我用一颗价值连城的钻石，成功收买了一个间谍。

图 3-10　数字定桩《三十六计》25～36 计示意

34—绅士—苦肉计

联想：绅士通常喜欢吃苦瓜炒肉，锻炼吃苦耐劳的精神。

35—珊瑚—连环计

联想：海里的珊瑚都是一环套一环的。

36—山鹿—走为上

联想：所有计策用完都不行，最后只能骑上山鹿，走为上策了！

我们在进行《三十六计》记忆的时候，大部分是按照计策原本的含义去展开联想的。但有时候计策原意的图像不那么生动，就适当采用谐音了的方式，例如"声东击西""暗度陈仓""假道伐虢""反客为主"等。

当然，大家也可以按照自己喜欢的方式进行联想，看看从前到后联想两三遍，能不能把《三十六计》的顺序轻松记住？

· 《长恨歌》倒背如流：数字桩 + 关键词联想

数字定桩用来记那些几十句的长诗，例如《琵琶行》《长恨歌》等，效果也是挺不错的。毕竟，几十句的诗，从前到后按照情景去联想，太长会容易漏掉一部分，如果用定桩法来记忆，那就可以保证一句不漏地记住。

我们这里用白居易的《长恨歌》[1]做个例子。

长恨歌

(唐) 白居易

1. 汉皇重色思倾国，御宇多年求不得。

2. 杨家有女初长成，养在深闺人未识。

3. 天生丽质难自弃，一朝选在君王侧。

4. 回眸一笑百媚生，六宫粉黛无颜色。

5. 春寒赐浴华清池，温泉水滑洗凝脂。

6. 侍儿扶起娇无力，始是新承恩泽时。

7. 云鬓花颜金步摇，芙蓉帐暖度春宵。

8. 春宵苦短日高起，从此君王不早朝。

9. 承欢侍宴无闲暇，春从春游夜专夜。

10. 后宫佳丽三千人，三千宠爱在一身。

11. 金屋妆成娇侍夜，玉楼宴罢醉和春。

12. 姊妹弟兄皆列土，可怜光彩生门户。

13. 遂令天下父母心，不重生男重生女。

14. 骊宫高处入青云，仙乐风飘处处闻。

15. 缓歌慢舞凝丝竹，尽日君王看不足。

16. 渔阳鼙鼓动地来，惊破霓裳羽衣曲。

1　顾青编注. 唐诗三百首 [M]. 北京: 中华书局，2016.

17. 九重城阙烟尘生，千乘万骑西南行。

18. 翠华摇摇行复止，西出都门百余里。

19. 六军不发无奈何，宛转蛾眉马前死。

20. 花钿委地无人收，翠翘金雀玉搔头。

21. 君王掩面救不得，回看血泪相和流。

22. 黄埃散漫风萧索，云栈萦纡登剑阁。

23. 峨眉山下少人行，旌旗无光日色薄。

24. 蜀江水碧蜀山青，圣主朝朝暮暮情。

25. 行宫见月伤心色，夜雨闻铃肠断声。

26. 天旋地转回龙驭，到此踌躇不能去。

27. 马嵬坡下泥土中，不见玉颜空死处。

28. 君臣相顾尽沾衣，东望都门信马归。

29. 归来池苑皆依旧，太液芙蓉未央柳。

30. 芙蓉如面柳如眉，对此如何不泪垂。

31. 春风桃李花开日，秋雨梧桐叶落时。

32. 西宫南内多秋草，落叶满阶红不扫。

33. 梨园弟子白发新，椒房阿监青娥老。

34. 夕殿萤飞思悄然，孤灯挑尽未成眠。

35. 迟迟钟鼓初长夜，耿耿星河欲曙天。

36. 鸳鸯瓦冷霜华重，翡翠衾寒谁与共。

37. 悠悠生死别经年，魂魄不曾来入梦。

38. 临邛道士鸿都客，能以精诚致魂魄。

39. 为感君王辗转思，遂教方士殷勤觅。

40. 排空驭气奔如电，升天入地求之遍。

41. 上穷碧落下黄泉，两处茫茫皆不见。

42. 忽闻海上有仙山，山在虚无缥缈间。

43. 楼阁玲珑五云起，其中绰约多仙子。

44. 中有一人字太真，雪肤花貌参差是。

45. 金阙西厢叩玉扃，转教小玉报双成。

46. 闻道汉家天子使，九华帐里梦魂惊。

47. 揽衣推枕起徘徊，珠箔银屏迤逦开。

48. 云鬓半偏新睡觉，花冠不整下堂来。

49. 风吹仙袂飘飘举，犹似霓裳羽衣舞。

50. 玉容寂寞泪阑干，梨花一枝春带雨。

51. 含情凝睇谢君王，一别音容两渺茫。

52. 昭阳殿里恩爱绝，蓬莱宫中日月长。

53. 回头下望人寰处，不见长安见尘雾。

54. 惟将旧物表深情，钿合金钗寄将去。

55. 钗留一股合一扇，钗擘黄金合分钿。

56. 但教心似金钿坚，天上人间会相见。

57. 临别殷勤重寄词，词中有誓两心知。

58. 七月七日长生殿，夜半无人私语时。

59. 在天愿作比翼鸟，在地愿为连理枝。

60. 天长地久有时尽，此恨绵绵无绝期。

图 3-11 《长恨歌》提示关键词图像示意

　　《长恨歌》描写的是唐明皇和杨贵妃的悲剧爱情故事，共 60 句、840 个字。许多人可能没读过这首诗，建议大家在记忆之前先读几遍，看看翻译和赏析，然后再进行记忆。在熟悉句子和意思的基础上再记忆，就会更快一些。

　　这种几十句的诗，最适合用数字桩来进行记忆。60 句诗，我们可以用数字桩的 1 ~ 60 的数字编码来帮助记忆，每句诗固定在一个数字上。从每句诗中提取有提示作用的一两个字或一两个关键词（尽量靠前面的），把这些字或词的图像跟对应的数字编码进行联想。这样，每个数字编码之后，都跟着一组生动的画面，只要把这些画面记住，这些句子就可以记住了。

回忆的时候，把60个数字编码回忆一遍，就能把整首诗一句不漏地回忆出来了。

联想记忆参考：

1. 汉皇重色思倾国，御宇多年求不得。

1—树—汉皇

联想：有个皇帝坐在树上，不停地出汗（汉皇），因为他在思念倾城美人。

2. 杨家有女初长成，养在深闺人未识。

2—鸭子—杨、女

联想：一只鸭子向羊的女儿求亲，可是那个女孩才刚刚长大。

3. 天生丽质难自弃，一朝选在君王侧。

3—耳朵—丽质

联想：我的耳朵里长出了一个很大的荔枝（丽质），我不忍心把它丢掉，于是就把它献给了君王。

4. 回眸一笑百媚生，六宫粉黛无颜色。

4—红旗—回眸一笑

联想：红旗一展开，美女回头一笑，立刻吓得大家脸上血色全无。

5. 春寒赐浴华清池，温泉水滑洗凝脂。

5—钩子—赐浴

联想：杨贵妃把衣服放在钩子上，然后跳进华清池洗浴。

6. 侍儿扶起娇无力，始是新承恩泽时。

6—勺子—侍儿

联想：侍女用勺子把杨贵妃捞起来，因为她实在没力气站起来了。

7. 云鬓花颜金步摇，芙蓉帐暖度春宵。

7—拐杖—金步摇

联想：杨贵妃拄着拐杖慢慢地走着，迈一步就摇一下（金步摇），慢慢走到芙蓉帐里去度春宵。

8. 春宵苦短日高起，从此君王不早朝。

8—葫芦—春宵

联想：太阳从葫芦里冒了出来，渐渐升高，但是君王还不肯起来做早操。

9. 承欢侍宴无闲暇，春从春游夜专夜。

9—球拍—侍宴

联想：侍女们拿着球拍帮君王开路，去赴晚宴。

10. 后宫佳丽三千人，三千宠爱在一身。

10—棒球—佳丽

联想：我到房子的后院去打棒球，但那里竟然有三千佳丽在打棒球，乱成一团。

11. 金屋妆成娇侍夜，玉楼宴罢醉和春。

11—筷子—金屋

联想：我拿了一双筷子，跑进一座金屋，偷偷夹走了几个金元宝。

12. 姊妹弟兄皆列土，可怜光彩生门户。

12—婴儿—姊妹弟兄

联想：这个婴儿的所有姊妹弟兄都被皇上列土分茅了。

13. 遂令天下父母心，不重生男重生女。

13—医生—父母

联想：天下的父母都想找医生来判断自己到底怀的是男孩还是女孩。

14. 骊宫高处入青云，仙乐风飘处处闻。

14—钥匙—骊宫

联想：神仙给了我一把钥匙，可以打开一座美丽的宫殿（骊宫），这个宫殿很高，可以直上青云，在那里，就可以听到仙乐随风飘。

15. 缓歌慢舞凝丝竹，尽日君王看不足。

15—鹦鹉—缓歌慢舞

联想：鹦鹉在慢慢地唱歌、慢慢地跳舞，配合慢悠悠的音乐，让君王整天都看不腻。

16. 渔阳鼙鼓动地来，惊破霓裳羽衣曲。

16—杨柳—渔、鼓

联想：杨柳岸边，渔夫们都摇起了鼓，河里的鱼儿听到之后，纷纷跳上岸。

17. 九重城阙烟尘生，千乘万骑西南行。

17—仪器—城阙、烟尘

联想：一个巨大的仪器从城阙上掉了下来，激起大片烟尘。

18. 翠华摇摇行复止，西出都门百余里。

18—篱笆—摇摇

联想：杨贵妃坐在轿子里，摇摇晃晃往前走，走走停停。

19. 六军不发无奈何，宛转蛾眉马前死。

19—药酒—六军不发

联想：药酒不够，士兵们的伤势得不到缓解，所以六军都没办法前进。

20. 花钿委地无人收，翠翘金雀玉搔头。

20—摩托—花、地

联想：我骑着摩托在花地里驰骋。

21. 君王掩面救不得，回看血泪相和流。

21—鳄鱼—掩面、血泪

联想：一只凶狠的鳄鱼向美女张开血盆大口，狠狠地咬了下去，吓得群众掩面不敢看，想救也来不及了，回头一看，血和泪像小河一样流了起来。

22. 黄埃散漫风萧索，云栈萦纡登剑阁。

22—鸳鸯—黄埃

联想：一对凶狠打斗的鸳鸯飞了起来，弄得黄色的尘埃满天飞舞。

23. 峨眉山下少人行，旌旗无光日色薄。

23—和尚—峨嵋山

联想：一群无恶不作的和尚霸占了峨眉山，山下的行人少了很多，连山上原本鲜艳的旌旗也变得没有了光彩，太阳的颜色也黯淡了。

24. 蜀江水碧蜀山青，圣主朝朝暮暮情。

24—盒子—蜀江

联想：一个漂亮的盒子漂浮在碧绿的蜀江上，流到了青翠的蜀山，那里面装着圣主的情书。

25. 行宫见月伤心色，夜雨闻铃肠断声。

25—二胡—行宫、月

联想：皇帝行宫里的宫女们看见了月亮，变得伤心起来，于是拉起了伤感的二胡，这时，夜雨飘落，铃声响起，二胡拉断了，肠子也断了。

26. 天旋地转回龙驭，到此踌躇不能去。

26—河流—天旋地转

联想：我不小心落到了河里，一阵天旋地转的感觉之后，我发现自己变成了一条龙，到此我踌躇了起来，不知道应该到龙宫去，还是回到地面的家里。

27. 马嵬坡下泥土中，不见玉颜空死处。

27—耳机—马嵬坡、泥土

联想：那匹马戴上耳机，听起了音乐，马尾巴（马嵬）兴奋地插入到泥土中，挖出了像玉一样漂亮的岩石，可惜里面是空的。

28. 君臣相顾尽沾衣，东望都门信马归。

28—恶霸—君臣

联想：恶霸把君臣欺负得泪流满面，泪水都沾到了衣服上，他们只好向东回都门那边搬救兵。

29. 归来池苑皆依旧，太液芙蓉未央柳。

29—鹅脚—归来

联想：我买了很多鹅脚归来，可惜不小心全掉到池子里了。

30. 芙蓉如面柳如眉，对此如何不泪垂。

30—森林—芙蓉、柳

联想：森林里全都是芙蓉花，另外还有一些柳树，这么单调的森林怎能让人不落泪？

31. 春风桃李花开日，秋雨梧桐叶落时。

31—鲨鱼—桃李花开、梧桐叶落

联想：一条巨大的鲨鱼游到了岸上，桃李的花儿吓得呆呆地开放，而梧桐则吓得叶子纷纷落地。

32. 西宫南内多秋草，落叶满阶红不扫。

32—扇儿—秋草、落叶

联想：秋天来了，西宫里有很多秋草和落叶，也没人打扫，我用扇儿一扇，全都漫天飞舞起来。

33. 梨园弟子白发新，椒房阿监青娥老。

33—钻石—梨园

联想：我拿出几颗大钻石，奖励那些唱戏很卖力的梨园弟子，他们一直训练到头发都花白了。

34. 夕殿萤飞思悄然，孤灯挑尽未成眠。

34—绅士—夕殿

联想：一位绅士来到了夕阳照耀下的一座宫殿，里面有很多萤火虫在悄悄地飞，绅士把殿里唯一的一盏灯吹灭了，然后还是不能入眠。

35. 迟迟钟鼓初长夜，耿耿星河欲曙天。

35—珊瑚—钟鼓

联想：那些珊瑚慢慢地长，终于长成了钟鼓的模样，敲一敲还能响。

36. 鸳鸯瓦冷霜华重，翡翠衾寒谁与共?

36—山鹿—鸳鸯

联想：一只山鹿飞奔而来，背上驮着一对鸳鸯，这对鸳鸯被冰霜覆盖着，身体又冷又沉重。

37．悠悠生死别经年，魂魄不曾来入梦。

37—山鸡—悠悠、生死

联想：我看见一只山鸡慢悠悠地走着，好像半死不活似的，原来它的魂魄飞走了。

38．临邛道士鸿都客，能以精诚致魂魄。

38—沙发—道士

联想：沙发上端坐着一个穷道士，他是我们的客人，别看他穷，他却能集中精神，专心致志地为死人招魂魄。

39．为感君王辗转思，遂教方士殷勤觅。

39—三角尺—辗转、方士

联想：君王曾经看到过一个神奇的三角尺，一直辗转思念，于是让很多方士去殷勤地帮他寻找。

40．排空驭气奔如电，升天入地求之遍。

40—司令—排空、驭气、升天入地

联想：我们的司令很有气势，腹部排空的时候，如雷电一样奔腾作响，排出来的气体一下子就像闪电那样升天入地、遍布世间。

41．上穷碧落下黄泉，两处茫茫皆不见。

41—司仪—上、下

联想：司仪在主持会议的时候，所有人都跑光了，天上、地下一个人都没有。

42．忽闻海上有仙山，山在虚无缥缈间。

42—柿儿—仙山

联想：这颗柿儿可是采自海上的仙山，非常有营养，吃了之后你就会觉得这世界变得虚无缥缈了。

43．楼阁玲珑五云起，其中绰约多仙子。

43—石山—楼阁、仙子

联想：这座石山上有一个漂亮的楼阁，里面飘浮着五彩的云朵，透过彩云，你可以隐约地看到许多仙子。

44．中有一人字太真，雪肤花貌参差是。

44—狮子——人、雪肤花貌

联想：这个狮子上面坐着一个人，有着如雪的肌肤和如花的容貌。

45．金阙西厢叩玉扃，转教小玉报双成。

45—师父—金阙、玉扃

联想：师父来到一个有金丝雀（金阙）的门前，叩了一下门上的玉环（玉扃），叫开门的丫鬟小玉进去报告。

46．闻道汉家天子使，九华帐里梦魂惊。

46—石榴—闻道、天子

联想：石榴兄弟们听说（闻到）天子想要吃它们，吓得赶紧从蚊帐里爬起来。

47．揽衣推枕起徘徊，珠箔银屏迤逦开。

47—司机—衣、枕

联想：司机要起床去开车了，他拿起衣服，推开枕头，起来徘徊了一会儿，有珍珠箔衣的银屏在他面前展开了，这里是他的车库。

48. 云鬓半偏新睡觉，花冠不整下堂来。

48—石板—云鬓、花冠

联想：石板砸下来，砸中了那个女孩的云鬓，把她的花冠也打偏了。

49. 风吹仙袂飘飘举，犹似霓裳羽衣舞。

49—石球—仙袂

联想：一阵风吹来，我从衣袖（仙袂）里弹出一个个石球，那样子就像在跳霓裳羽衣舞。

50. 玉容寂寞泪阑干，梨花一枝春带雨。

50—武林高手—玉容、泪

联想：那个武林高手是个女的，她无敌又寂寞，玉容上的泪珠滴落到梨花上，就像下雨一样。

51. 含情凝睇谢君王，一别音容两渺茫。

51—狐狸—含情、音容

联想：那只狐狸脉脉含情地看着君王，害怕离别之后声音和容貌都会变得模糊。

52. 昭阳殿里恩爱绝，蓬莱宫中日月长。

52—斧儿—昭阳殿、恩爱绝

联想：我拿出斧儿，在太阳照耀的宫殿（昭阳殿）里，斩断了彼此的情丝，从此恩爱断绝了。

53. 回头下望人寰处，不见长安见尘雾。

53—火山—回头、长安、尘雾

联想：火山爆发，我在云端上回头往下望了一眼，没看见长安，只看见了很多烟雾。

54. 唯将旧物表深情，钿合金钗寄将去。

54—护士—旧物、金钗

联想：那个护士从一堆破旧的物品中找出了她常用的针筒，跟别人换了一支金钗，寄回家里给家人。

55. 钗留一股合一扇，钗擘黄金合分钿。

55—木屋—钗、扇、黄金

联想：木屋的屋顶有一个巨大的钗子，插着一把扇子，那把扇子是用黄金做成的，金光闪闪，合起来又分开，分开又合上。

56. 但教心似金钿坚，天上人间会相见。

56—蜗牛—心、天上人间

联想：一只蜗牛爬进了我的内心，蜗牛壳让我的内心变得像黄金一样坚硬。

57. 临别殷勤重寄词，词中有誓两心知。

57—武器—临别

联想：临别的时候，我把自己的武器送给了她，重复多次叮嘱她，不到万不得已不要使用。

58．七月七日长生殿，夜半无人私语时。

58—火把—长生殿

联想：火把在长生殿里一直燃烧了七月七日。

59．在天愿作比翼鸟，在地愿为连理枝。

59—五角星—比翼鸟、连理枝

联想：我把尖尖的五角星往天上一抛，刺中了两只在一起飞的鸟，它们坠落到地上，还依然紧密地连在一起。

60．天长地久有时尽，此恨绵绵无绝期。

60—榴莲—天长地久、恨

联想：我家里的榴莲几乎要放到天长地久了，妈妈还是不让我吃，恨得我牙痒痒的，看来要吃它是绵绵无期了。

数字桩，只是帮助我们记住每句的提示词，至于通过这一两个提示词是否能把整句话回忆出来，那还取决于对整句话的联想是否紧密。通常在记忆的时候，先对每句诗进行联想，让每句诗都能熟练背出来，然后再进行数字定桩。定桩主要解决的是上下句之间不能流畅回忆的问题。

《长恨歌》这60句，按照上面的数字定桩来进行联想，从第一句到最后一句联想完，回忆一下看看，或许能记住50%左右；然后再从头到尾复习一遍，回忆率或许能达到80%左右。这样，复习三五遍，基本上就能一字不漏地回忆出来！这个时候，别人无论问第几句，都

134

能脱口而出，这就达到了抽背、倒背（从最后一句背到第一句）的效果了！

过一段时间，如果不复习，可能又会忘记一部分（例如忘记 30%），稍微复习一下，很快又能准确地进行回忆。总之，用图像记忆的方法，记得牢，不容易忘记，即使忘记了一部分，稍微复习一下，很快又能掌握。这就是图像记忆的威力！

数字编码只有一组，如果同时用来记好几组资料，有些地方可能会出现记忆混淆。出现混淆的时候，只需要在想象上多做一些区分，多复习几遍，就没什么问题了。当然，重复越多，混淆的可能性就会越大，因此，建议长期记忆的资料尽量不要超过十组。

记忆宫殿——
大脑空间记忆能力的无限量应用

前面我们介绍的定桩法，身体桩、人物桩、数字桩等，都挺好用，但这些桩的缺点就是：数量太少，难以应付大量的记忆资料。

例如数字桩，虽然有一百个，足以应付一百个以内的记忆资料，但如果有一百个以上甚至好几百个记忆资料的时候，数字桩就不够用了。另外，当我们要记的资料有好多组（假设有几十首长诗词需要记忆），一套数字桩反复用就容易出现记忆混淆。

当然，如果我们所需要记忆的资料都是短期的、为了应付考试的，这次记几组，考完试之后忘掉，然后下次再记几组。这样的话，数字桩是可以应付的。然而，有很多资料（尤其是经典，如诗词经典、古文经典、国学经典等）是值得我们记忆一辈子的，这个时候，数字桩就不够用了。

那么，有没有一种记忆桩，可以有无限数量，能够应付无限的资料呢？

有的，就是地点桩，也叫记忆宫殿。

· 只需几眼，就能把眼前物品的排列顺序记住

古罗马著名政治家、演说家西塞罗，在其《论演说家》一书中，在讲到雄辩的五个部分之一的"记忆"时，讲述了西蒙尼戴斯发明记忆术的故事，并且简单介绍了罗马演说家使用场景和形象的记忆方法。

传说在古希腊贵族的盛大宴会上，屋顶突然坍塌，导致宾客们集体遇难，尸体被压得血肉模糊，家属们无从认尸。唯一生还的诗人兼哲学家西蒙尼戴斯记得宴席上每个人就座的位置，他依照脑海中的记忆宫殿，逐一念出死亡宾客的名字与座次，成为传说中记忆术的创始人。

古罗马的雄辩家运用记忆宫殿的方法来提高记忆力，使自己能够毫无记忆差错地发表长篇演说。记忆术就这样作为演说艺术的一部分在欧洲传统文化中流传了下来。后来，随着演说、雄辩风潮的消退，记忆术也逐渐被人遗忘。

到了 21 世纪，这种古老的记忆宫殿法，通过英国托尼·博赞所发起的世界记忆锦标赛流传到了中国，并在中国大地掀起了记忆训练、大脑训练的热潮。

记忆宫殿（地点桩），其实就是运用了我们大脑天生的非常强大的空间记忆力。例如，我们可以很轻松地回忆起我们家里的各种主要物品的摆设，可以很轻松地回忆起我们家附近的一些主要建筑，也可以很轻松地回忆起我们从家里到学校（或者到公司）所经过的一些地点。

记忆宫殿的运用，其实真正帮助我们记忆的，往往不是一个大的宫殿、一个大的建筑、一个大的房子，而是在房子里或者户外那些按照一定顺序来排列的物品。只要我们记住了这些物品的顺序，那么，我们就可以运用这些按顺序排列的物品来帮助我们进行快速记忆。

空间记忆力是大脑赋予我们的一种强大记忆力，它不同于我们所说的图像记忆能力，图像记忆是需要有故事、有动作的，而空间记忆只需要看几眼，就能把眼前物品的排列顺序轻松记住。

记忆宫殿的运用，则是把大脑的空间记忆与图像记忆融合在一起，既解决了顺序记忆的问题，又有图像记忆的效果，同时还有空间记忆的加持，因此是一种威力强大的记忆方法。记忆大师和最强大脑选手在进行那些令人瞠目结舌的记忆展示的时候，通常都是运用记忆宫殿法。

图 3-12　记忆宫殿

· 选取记忆宫殿的 4 大原则

在我们所生活的环境之中，可以找到大量的记忆宫殿，但关键是，要找到适合自己的、好用的记忆宫殿才行。怎样来选取合适的记忆宫殿呢？先看看选取记忆宫殿（地点桩）的 4 大原则：

第一大原则：熟悉

首先，我们要从熟悉的环境中找地点桩，比如说我们的家、学校、公园、上班的公司等。其一，我们天生具备以熟记生的本领，地点桩法就是这种本领的应用；其二，对于熟悉环境中的地点，通过回忆我们以往在这里的情景，会有情感上的感触与体悟，这种情感可以大大提升记忆效率。

其次，当熟悉地点的数量无法满足需要时，我们可以去新的地方寻找，例如说一个从未去过的旅游景点等。到了新地方之后，可以用照相机将地点桩拍摄下来，供我们反复回忆强化，将这些不太熟悉的地点慢慢转化成熟悉的地点。等我们把这些地点熟悉到一定程度之后，就可以开始运用了。

第二大原则：顺序

我们通常会按照顺时针或者逆时针的顺序来找地点桩，从而保证找出的地点桩容易回忆。在记忆活动中，记住材料的顺序是成功记忆的关键要素之一，地点桩的顺序属性正好解决了记忆顺序这一问题。

需要注意的是，我们这里所说的顺序是指物品的空间顺序，而不是我们日常活动的时间顺序。另外，我们要选择固定的物品（比如电视、马桶等，一般不会挪来挪去），而不要选择活动的物品（比如家里养的宠物，或者跑来跑去的玩具汽车，或者到处放的钱包），因为活动的物品一旦变化位置，就会打乱地点桩原有的顺序。

第三大原则：变化

个性鲜明、特征突出、变化多样（形状、颜色、大小等）、有趣味又有足够区分度的物品更受大脑的喜爱，所以我们一般会选取那些富于变化的物体作为地点桩，而尽量不选择单调重复的物品作为地点桩。例如，接连几扇窗、接连几张沙发，这些重复的物品就不适合作为单独的地点桩。

当然，也不是说重复的物品就一定不能选择，非得选择的话，最好从不同的方位、采用不同的视角去观察，比如床左右两侧各有一个床头柜，一个选择床头柜的表面，另一个选择床头柜里拉出来的抽屉。或者在其中一个地点桩上虚拟出一个不同的物体，比如在另一个床头柜上摆放一个漂亮的花瓶（在此将花瓶作为地点桩，而不选择重复性的床头柜）。

另外，地点桩的路径也要富于变化，在同一条直线上选取的地点桩一般不超过 3 个，超过 3 个就容易记不清顺序。漫步在曲折变化的路径上，可以更加轻松愉快地欣赏沿途风景，而且记得又快又牢。

第四大原则：适中

大小适中：一般可以参照台灯至窗户大小来选择地

点桩，比如马桶、浴缸、洗手盆等。太大的地点（比如一栋楼），运用起来会有些空旷；太小的地点（比如一支钢笔），则无法给图像记忆提供足够大的表演舞台。

距离适中：两个地点桩之间的距离，我们一般控制在 0.5 ～ 15 米的范围内。两个地点桩之间的距离太远，会影响记忆的匀速连续性，干扰我们的记忆节奏；两个地点桩之间的距离太近，临近两个地点桩上的图像很有可能会重叠、相互干扰。

高低适中：我们一般选取正常视野范围内的物品作为地点桩。过高或过低的地点，由于不在我们正常的视野内，容易遗忘。例如一个房间里，我们尽量选择平行视线能看见的物品，而不选择天花板、吊灯、地毯等需要抬头或者低头才能看见的物品。

亮度适中：我们一般选取自然光亮度下的物品。亮度太高，就像照相机曝光过度那样，影响图像记忆的清晰度；如果亮度太低，像黑夜般伸手不见五指，则根本无法看清东西，也就很难发挥图像记忆的威力。

· 搭建属于自己的记忆宫殿

明白了选取记忆宫殿的 4 大原则之后，接下来，我们就可以开始动手搭建属于自己的记忆宫殿了。要搭建一套好用的记忆宫殿，可以按照以下 3 大步骤来进行。

第一步：预设行进路线

在实地寻找地点桩之前，我们可以闭目回忆那个我们即将要选取地点的熟悉场所，以及场所里发生的往事，重新体验当时的那种情景与感受。然后，在这种情感中慢慢安静下来，想象自己重新回到了这个场所，按照一定的路线（例如顺时针或逆时针）来前进。

在想象之中，我们一步步走到合适的地点，按照选取规则选出第一个地点桩，全方位观察这个地点桩，并选择一个最佳视角进一步仔细观察，同时体会那种身临其境的感受；按照以上方式选取和观察第二个地点桩……当走到第十个地点桩的时候，将前十个复习回顾一下……以此类推，直到全部复习完毕后轻轻睁开眼睛。

注意，在闭目回忆的时候，可能某些地点无法清晰准确地呈现出来，此时无须过多纠结，在后续步骤中采取措施弥补完善即可。

第二步：实地观察取景

进入现场，根据此前预选地点桩和预设行进路线，实地观察场景中的各个物品，根据选取规则确定地点桩，站在适当的位置从最佳视角对每一个地点桩拍摄取景（当然，一张照片中可以同时包含几个地点桩）。

需要注意的是，我们不仅仅运用外在的工具进行拍摄，更重要的是要动用我们人体特有的、带有5种感官（触觉、视觉、听觉以及味觉、嗅觉）的"照相机"进行拍摄，也就是要摸一摸、看一看、听一听、尝一尝、闻一闻。而且，对于在想象中感到模糊的地点，实地选取的时候，需要经过观察加强印象之后再拍摄取景。另外，跟上面第一步所说的那样，每十个地点桩需要闭目回忆一下。

在实地选取地点的时候，最好每五个或十个地点作为一组。例如一个房间里面，比较适合我们选取的物品有九个，那么，我们最好能够多找一个凑够十个。如果一个房间里面适合我们选取的物品有十二个，那么，我们宁愿选择其中的十个，而放弃另外两个。

第三步：整理地点桩

在前两步的基础上，将拍摄的地点桩图片编号整理，方便日后复习回顾和实战应用。

并且，根据图片的顺序，把地点桩的编号和名称整理成文稿，为日后的复习和运用打好基础。例如，可以按照以下方式进行整理：

编号	家里客厅
1	大门
2	鞋架
3	餐桌
4	沙发
5	冰箱
6	……

由于我们的地点桩主要是从现实场景中找寻的，在运用的过程中，难免会发现有各种各样的瑕疵，例如，有的地点桩之间的间隔有些远，有的地点桩又靠得太近，有的重复但又不想舍弃……

这时，我们可以运用"加、减、变化"这3板斧来解决以上的问题。例如，两个地点间隔有点远，我们可以运用想象力虚拟增加一个地点，建议通过网络等途径找寻出个性特征突出的图片作为虚拟地点，并通过反复观察进行强化。如果地点桩靠得太近或重复，我们可以删减。

对于重复但又不想舍弃的地点，我们可以从不同的视角观察或者说运用地点的不同部位，或者一个保持原样，在另一个上虚拟出一个不同的特点。例如，临近的两个沙发你都想用，可以想象其中一个沙发的扶手处有一排钉子。

·《春江花月夜》记忆宫殿法示范

地点桩用来记长篇诗词，还是挺不错的。尤其是那些十多句、二十多句的诗词，不像《琵琶行》《长恨歌》那么长，用数字桩来记有点浪费，这时用地点桩就比较合适。

例如张若虚的《春江花月夜》，共十八句，这首诗虽然是写景的，有很强的图像感，但因为江、月、人景象等反复出现，容易混淆，直接从前到后串联的情景联想法不那么容易应付，这种情况用地点桩来记忆，就会比较轻松。

地点桩建议用自己实地观察的地点，那样更有空间记忆的威力。但这里做例子的时候，我们用一套虚拟的地点作为说明，大家通过这个例子来明白地点桩的用法就行，以后要记其他诗词的时候，可以在自己的生活场景中选取真实的地点。

春江花月夜 [1]
〔唐〕张若虚

春江潮水连海平，海上明月共潮生。

1　于丹. 跟于丹老师一起读最美古诗词 [M]. 北京：北京联合出版公司，2013.

滟滟随波千万里，何处春江无月明！

江流宛转绕芳甸，月照花林皆似霰。

空里流霜不觉飞，汀上白沙看不见。

江天一色无纤尘，皎皎空中孤月轮。

江畔何人初见月？江月何年初照人？

人生代代无穷已，江月年年只相似。

不知江月待何人，但见长江送流水。

白云一片去悠悠，青枫浦上不胜愁。

谁家今夜扁舟子？何处相思明月楼？

可怜楼上月徘徊，应照离人妆镜台。

玉户帘中卷不去，捣衣砧上拂还来。

此时相望不相闻，愿逐月华流照君。

鸿雁长飞光不度，鱼龙潜跃水成文。

昨夜闲潭梦落花，可怜春半不还家。

江水流春去欲尽，江潭落月复西斜。

斜月沉沉藏海雾，碣石潇湘无限路。

不知乘月几人归，落月摇情满江树。

　　下面有客厅和洗手间各十个地点，我们选取客厅1 ～ 10和洗手间1 ～ 8，共十八个地点，按顺序来记忆这首《春江花月夜》。

图 3-13　客厅地点：1. 沙发　2. 窗帘　3. 音箱　4. 花盆　5. 电视柜　6. 电视机
7. 门把手　8. 沙发　9. 垃圾桶　10. 茶几

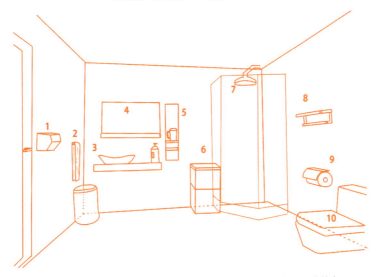

图 3-14　洗手间地点：1. 盒子　2. 毛巾　3. 洗手盆　4. 镜子　5. 杯子　6. 收纳盒
7. 淋浴头　8. 架子　9. 卫生纸　10. 马桶

联想记忆参考：

1－沙发－春江潮水连海平，海上明月共潮生。

联想：春江潮水涌到沙发上，枕头都漂起来了。

2－窗帘－滟滟随波千万里，何处春江无月明！

联想：窗帘随着波涛漂啊漂，漂了千万里。

3－音箱－江流宛转绕芳甸，月照花林皆似霰。

联想：音箱的音乐随着江流婉转飘出，飘到了花林那边。

4－花盆－空里流霜不觉飞，汀上白沙看不见。

联想：花盆结冰了，里面不断有寒冷的霜气飞出来，连花盆里的沙都看不见了。

5－电视柜－江天一色无纤尘，皎皎空中孤月轮。

联想：电视柜上面被我擦得一尘不染。

6－电视机－江畔何人初见月？江月何年初照人？

联想：电视屏幕上飞过一个月亮，谁看见了？我还感觉到月光照了我一下。

7－门把手－人生代代无穷已，江月年年只相似。

联想：无穷无尽的人拧开门把手出出进进，变的是人，不变的是门把手。

8－沙发－不知江月待何人，但见长江送流水。

联想：沙发上坐着一个月亮，不知道它在等谁。

9－垃圾桶－白云一片去悠悠，青枫浦上不胜愁。

联想：垃圾桶上的垃圾都堆到白云上了，垃圾越来越多，让人发愁。

10－茶几－谁家今夜扁舟子？何处相思明月楼？

联想：茶几上有一叶扁舟，有个男人坐在扁舟上相思。

11－盒子－可怜楼上月徘徊，应照离人妆镜台。

联想：盒子上有个月亮在徘徊。

12－毛巾－玉户帘中卷不去，捣衣砧上拂还来。

联想：我想把毛巾卷起来，但总是卷不起来。

13－洗手盆－此时相望不相闻，愿逐月华流照君。

联想：洗手盆里有水，我可以看见水中的自己，但却听不见水中人说话。

14－镜子－鸿雁长飞光不度，鱼龙潜跃水成文。

联想：我看见镜子里飞过了一只鸿雁，飞的速度很快，连光速都赶不上它。

15－杯子－昨夜闲潭梦落花，可怜春半不还家。

联想：我昨晚拿这个杯子漱口的时候，看见杯子里有落花。

16－收纳盒－江水流春去欲尽，江潭落月复西斜。

联想：收纳盒里装满了水，我把水倒出来，水很快就流走了。

17－淋浴头－斜月沉沉藏海雾，碣石潇湘无限路。

联想：我打开淋浴头，立刻雾气弥漫，里面好像藏着一个弯弯的月亮。

18－架子－不知乘月几人归，落月摇情满江树。

联想：架子上有几个人，他们是乘着月亮过来的。

·地点桩小试牛刀：速记40个无规律数字

记忆宫殿用来记无规律的资料，是非常有效的，例如记下面这些无规律数字：

1279 1346 5437 3407 8825 1160 8408 9218 2656 4593

一串抽象、枯燥无规律的数字，如果死记硬背，是很难记下来的。如果用串联联想的方法，前面这四十个数字就相当于二十个编码图像，只要编码熟练，把这二十个图像串起来，也并不难。

这里我们用记忆宫殿的方法来进行记忆，看看跟串联联想法有什么不同。

运用记忆宫殿（地点桩）来进行记忆，通常每个地点上会放两个图像（相当于四个数字），那么四十个数字就需要用到十个地点。

我们还是用上面的十个地点桩来进行举例，如果自己有地点的，也可以用自己的地点来进行练习。

我们先来回顾一下**客厅的十个地点**，看看闭上眼睛是否能轻松回忆出来（见图3-13）：

1. 沙发　2. 窗帘　3. 音箱　4. 花盆
5. 电视柜　6. 电视机　7. 门把手　8. 沙发
9. 垃圾桶　10. 茶几

要记的四十个数字以及它们对应的编码如下：
1279　1346　5437　3407　8825　8408　1160
4092　4556　5193

婴儿、气球；医生、石榴；护士、山鸡；绅士、拐杖；爸爸、二胡；巴士、葫芦；筷子、榴莲；司令、球儿；师父、蜗牛；狐狸、救生圈。

把这些数字编码的图像放在相应的地点上，然后进行互动，就有了下面这样的联想：

沙发：1279

沙发上坐着一个婴儿，婴儿不小心捏爆了一个气球。

窗帘：1346

窗帘后面有位医生在吃石榴。

音箱： 5437

　　音箱上坐着一位护士，她正在给受伤的山鸡打针。

花盆： 3407

　　花盆上站着一位绅士，他用拐杖戳掉了很多花瓣。

电视柜： 8825

　　电视柜上坐着爸爸，他正在忧伤地拉着二胡。

电视机： 8408

　　电视机里飞出了一辆巴士，巴士上装满了葫芦。

门把手： 1160

　　我用筷子从门把手里夹出了一个榴莲。

沙发： 4092

　　沙发上坐着一位司令，他开枪把一个球儿打爆了。

垃圾桶： 4556

　　师父从垃圾桶里捡起一只蜗牛，然后把它放生了。

茶几： 5193

　　茶几上有一只狐狸，它身上套着一个救生圈。

　　通过刚刚的联想，是不是很快就能把这四十个数字轻松记住？

　　而且，如果你想倒背的话，也能轻松做到。只要把地点从最后一个往第一个倒着回忆，然后把图像所代表的数字从后往前说就行了。例如最后一个地点（茶几）上的编码是"狐狸、救生圈"，对应的数字是5193，你只需要从后往前念成"3、9、1、5"就行。是不是很简单？

掌握了记忆宫殿记数字的方法，你可以尝试一下记八十个数字。如果你的数字编码足够熟练，你又能找到更多的地点桩，那你完全可以尝试记更多数字，例如一百个、二百个。说不定几分钟就能记下来了呢！

用记忆宫殿的方法记无规律信息，是最快最有效的一种方法，记忆大师和最强大脑选手进行记忆表演的时候，主要就是用记忆宫殿法。因为它既减少了串联联想的难度，同时又加上了空间记忆的作用，图像记忆与空间记忆双管齐下，让记忆速度大大提升。另外，地点桩的数量可以找很多，能够轻松应付大量无规律信息的记忆。因此，当你遇到大量无规律信息需要记忆的时候，记忆宫殿往往是首选的方法。

· 环球记忆锦标赛：两分钟记一副扑克牌

与无规律数字一样，扑克也是竞技记忆比赛的基本项目之一，对于训练我们的快速联想能力，有很好的帮助，能够让我们大脑想象的速度变得更快。

要想快速地记住一副扑克牌，自然也离不开记忆宫殿的方法。

运用记忆宫殿来记忆扑克牌，方法其实跟数字记忆是一样的。只是扑克记忆多了一个从扑克转化为数字的步骤。

一副扑克牌把大小王去掉之后，是52张，记忆比赛通常记忆的是52张一副的扑克牌。52张牌，需要准备26个地点桩。进行记忆的时候，在每个地点上放两张牌的图像，把这两张牌的图像与地点进行紧密的联结。回忆的时候，把这26个地点在大脑中过一遍，就能快速地回想起相应的52张扑克牌。

接下来，我们会向大家详细介绍，怎样运用记忆宫殿来快速记住一副扑克牌的具体训练方法。

扑克编码方案

用于记忆比赛的扑克牌通常是52张（去掉大、小王），其中包括40张数字牌和12张人物牌。扑克牌看起来是抽象的，我们通常会把每张牌转化为一组数字，然后就可以把扑克牌当成数字来进行记忆了。

40张数字牌，所对应的数字方案为：

　　黑桃代表十位数的 1（黑桃的下半部分像"1"）；

　　红桃代表十位数的 2（红桃的上半部分是两个半圆的弧形）；

　　草花代表十位数的 3（草花由 3 个半圆组成）；

　　方片代表十位数的 4（方片有 4 个尖角）。

　　例如黑桃 1 代表 11，黑桃 2 代表 12；红桃 1 代表 21，红桃 2 代表 22，草花 3 代表 33，方片 4 代表 44，依此类推。

　　对于数字为 10 的牌，可当作 0，即黑桃 10 代表 10，红桃 10 代表 20，草花 10 代表 30，方片 10 代表 40。

　　根据以上方案，数字牌需要用到的数字编码包括 10～49 共 40 个编码。

　　接下来是 4 种花色的人物牌，建议 J、Q、K 分别代表十位数的 5、6、7，黑桃、红桃、草花、方片分别代表个位数的 1、2、3、4。那么，黑桃 J 所对应的数字为 51，红桃 Q 所对应的数字为 62，草花 K 所对应的数字为 73，方片 K 所对应的数字为 74，以此类推。

　　那么，人物牌需要用到的数字编码包括 51、52、53、54、61、62、63、64、71、72、73、74。

　　52 张扑克牌对应的数字分别如下：

| | ♠ | ♥ | ♣ | ♦ |
	黑桃	红桃	草花	方块
A	11	21	31	41
2	12	22	32	42
3	13	23	33	43
4	14	24	34	44
5	15	25	35	45
6	16	26	36	46
7	17	27	37	47
8	18	28	38	48
9	19	29	39	49
10	10	20	30	40
J	51	52	53	54
Q	61	62	63	64
K	71	72	73	74

当然，把抽象扑克转化为生动图像的方案不止一种，每个人都可以用自己喜欢的方式来把抽象的扑克转化为数字编码。

掌握扑克牌的图像编码之后，就可以开始进行扑克记忆训练。扑克记忆训练主要分为读牌、联牌、记牌3个环节。

读牌

一副扑克52张，一张一张地把牌推开，每推开一张牌，要快速地回忆出相应的编码，这个过程叫读牌。

推牌的方式为左手握牌，用左手大拇指把每一张读完的牌推给右手，推牌的时候要完整显示出牌面左上角的图标。如果不进行记忆，匀速推一副牌通常可以在20秒以内完成。

刚开始读牌的时候，每张扑克可能需要先转换为相应的数字，然后才能回忆出编码图像。熟练到一定程度之后，看到扑克左上角的图标，就能直接回忆出相应的编码图像。

刚开始进行读牌的时候，可以读出声音，要求快速、流畅。到熟练之后，就不必读出声，直接在脑海中反映图像就行。

读牌训练的目的，是为了能把抽象的扑克快速转化为生动的图像。刚开始读牌的时候可以把52张牌分为2～4组进行练习，在读牌的过程中找出那些出图速度较慢的牌，把它们抽出来单独练习，直到完全熟悉为止。

联牌

通过读牌训练，看到每张扑克，能快速回忆出相应的编码图像之后，就可以进行联牌训练。

联牌训练，是指对任意两张扑克牌通过额外的动作进行联想，看到第一张牌，就能回忆起第二张牌。一副牌52张，两两联想的话，就有26组联想。这是对联想能力的训练，主要训练的是牌与牌之间进行快速紧密联想的能力。

一副打乱顺序的扑克牌，假设排列顺序为：红桃2、方块4、黑桃3、草花6、方块5、黑桃2……

联牌训练，就是将红桃2与方块4进行联想（例如可以想象鸳鸯跳到狮子身上），黑桃3与草花6进行联想（例如可以想象医生在给山鹿动手术），方块5与黑桃2进行联想（师父给婴儿念经），其余的牌就按照这种方式继续进行两两联想。

一副牌的联想结束之后，推出第一张牌（红桃2），看看能不能回忆出第二张牌（方块4）；然后推出第三张牌（黑桃3），看看能不能回忆出第四张牌（草花6）；推出第五张牌（方块5），能不能回忆出第六张牌（黑桃2）……

通过联牌训练，对一副扑克，能够在一分钟左右完成联牌训练之后，就可以进入真正的记牌环节。

记牌

一副扑克牌是52张，通常我们会在一个地点上放两张牌的图像，因此，记忆一副扑克牌，需要用到26个地点。

在进行记忆的时候，我们先把26个地点准备好。这

26个地点，前面的20个地点最好是5个或10个一组，而最后的6个地点可以作为一组。这样在记忆或回忆的时候，就不容易出现地点错漏的情况。

在进行记牌之前，要先把26个地点按顺序回忆几遍，确保这些地点能够轻松快速地回忆出来，然后再开始记忆。

在记忆的时候，两张牌一组，按顺序放到相应的地点上，然后进行生动的联想，让两张牌在相应地点上进行紧密的联结。

两张牌放在一个地点上的时候，有一个需要注意的地方，就是要区分哪张牌在前，哪张牌在后。

区分的方法有两种，一种是通过动作来区分，前面那张牌产生主动动作，后面的那张牌产生被动动作。假设窗户上要放黑桃1（11-筷子）和红桃2（21-鳄鱼）两张牌，就可以这样想：我用筷子戳破了窗户，结果戳到了窗户后面鳄鱼的眼睛。这里，筷子是主动动作，而鳄鱼是被动动作。

另一种是通过空间位置来进行区分。例如按"上一下"、"外一内"等方位来区分哪张牌在前、哪张牌在后。假设冰箱的地点要放草花6（36-山鹿）和方块6（46-石榴），可以这样想：山鹿用头上的角戳开了冰箱门，结果从冰箱里滚出了很多石榴。这里，前面的草花6（山鹿）放在冰箱外，而后面的方块 6（石榴）则放在了冰箱里面。

在快速记忆的时候，我们很难想象太多的细节，主要是抓住图像的动作特征，以及图像所带给我们的情绪感受。 刚开始的时候，我们往往会使用比较丰富、夸张的图像，但是随着记忆水平的整体提高，画面会越来越简洁，也不再需要过多关注细节了。甚至，只需要把两个图像往地点上一放，不需要太多互动，也能牢牢记住了。那个时候，我们的记忆力就有了质的飞跃，我们记一副牌，也就变得更轻松了！

有兴趣的朋友可以挑战一下，每天花一点时间来进行训练，看看多久之后能够做到在两分钟之内记住一副扑克牌？

能够轻松记住一副扑克牌之后，还可以进一步挑战连续记忆多副扑克牌（例如连续记忆 10 副以上的扑克牌），这对我们的记忆力和专注力，都有很大的提升作用。

环球记忆锦标赛，获得"环球记忆大师"荣誉称号的 3 个标准（2019 年标准）是：

两分钟之内记住一副扑克牌；

一小时之内记住 10 副或以上的扑克牌；

一小时之内记住 1000 个或以上的无规律数字。

这 3 大记忆竞技项目，都需要记忆宫殿才能完成。欢迎大家多练习记忆宫殿，挑战大脑极限！

第四章

能力篇

图像记忆是如何实现
全面提升学习能力的

图像是判定理解与否的标尺

大部分的学习能力，都与图像高度相关，例如理解能力、逻辑思维能力、专注力等等。接下来，我们会详细讲解图像在各种学习能力中究竟是怎样起作用的。

对于学习来说，理解是非常重要的一个环节。老师在课堂上讲完一个重要的知识点之后，经常会问："同学们，理解了吗？"同学们就会齐声回答："理解了！"然而做作业或者考试的时候，又会发现很多同学其实并没有理解。

那么，怎样才能更好地让同学们有效理解知识点？或者，我们在学习的时候，怎样才能提升理解效率？那就要先弄明白，什么是"理解"。

· 理解的过程，就是大脑中形成图像的过程

对于"理解"这个概念，普通的解释是：懂、了解、明白。稍微详细一点的解释是：从道理上了解；顺着脉理或条理进行剖析。

这些解释，并没有说清楚理解的过程是怎样的。也没有具体地描绘，当"理解"这个事情发生的时候，大脑是怎样活动的。

其实，理解的过程，就是大脑形成图像（画面）的过程。

例如这句话：太阳西升东降。

这句话你能不能理解？怎样理解？如果死记硬背，不理解，读几遍背下来了，这没什么意义。如果要去理解，你就会在大脑中展开想象：太阳从西边升起来，然后从东边落下去。

这么一想，你就会发现有问题：大脑想的画面跟实际发生的画面是相反的。这样，你立刻就知道这个说法是错误的。正确的说法应该是：太阳东升西降。

当你发现这句话的问题时，就说明你理解了。你怎样发现这句话的问题？就是要在大脑中想象画面、要在大脑中构想图像。

又如《论语》里的这句:"子于是日歌,则不哭。"意思是:孔子在那天唱过歌之后,就不会哭。

这说的是什么呢?唱过歌之后为什么就不能哭?你得要去想象一下生活中的画面:自己早上刚在卡拉 OK 里唱过一首歌,很开心;下午发生了一件令人伤心的事情,那你会不会哭?肯定会呀!

这么一想,就发现这句话有问题,要么是孔子的做法有问题,要么就是这句话写错了。

事实上,确实是写错了,正确的应该是:"子于是日哭,则不歌。"意思是:孔子因为某件伤心事哭过之后,当天就不再唱歌。心情还处于哀伤的状态,因此当天不会去进行娱乐。这样的说法就符合人之常情。

你只有根据文字的内容,展开想象,大脑中有了图像(画面),才知道这段文字究竟说的是什么意思,这样才算是懂了、明白了、理解了。

因此,理解的过程,就是在大脑中进行图像化的过程。

图像形成完整,就能完全理解;图像形成不完整,就似懂非懂;完全没有图像,那就根本没法理解。

生活中常常会出现问路的情况,如果你要去某个地方,别人告诉你行进的路线,你在大脑中就会去构想行走路线的画面,当你大脑中构想的画面是完整的,

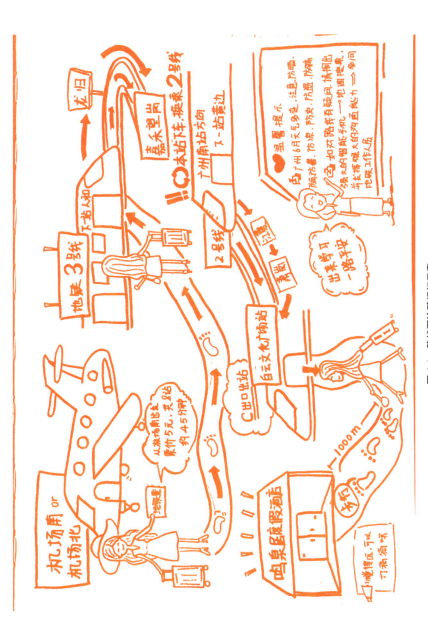

图 4-1 路线图涂鸦记忆示意

即使某条路线可能跟别人告诉你的相反（例如别人说的是往左，你大脑中想到却是往右），你就觉得自己理解了。

但如果说完之后，你大脑中的画面模糊了，有些路线忘记了，连不起来了，那你就只好请对方再说一遍，直到路线在你的大脑中变得清晰完整为止。如果说了两三遍，大脑中还连不成完整的画面，那恐怕只能请对方把路线画出来了。

如果你能把画出来的路线图在大脑中想几遍，然后把大脑中的图记住，那么，路线图就可以扔掉了。如果记不住，那就只能拿着图上路，边走边看。

· 理解记忆，是图像记忆的一部分

我们在进行学习的时候，非常重要的一个环节，就是要根据学习的内容，尽量在大脑中构想生动、活泼的画面。这样做，既能促进理解，也能促进记忆。这种记忆方式就是理解记忆，它同时也是图像记忆的一部分。

图像记忆法的运用，首先要对记忆资料展开想象，这个过程，也就是理解的过程。我们看这段文字：

小明的奶奶做了 5 个馒头，小明爸爸吃了一个，小明妈妈吃了一个，小明吃了两个。请问还剩下几个馒头？

上面这段文字，我们看一遍就能记住，为什么能记住？因为我们在读的时候，会根据文字展开想象，很轻松地就记住了那些画面。然后根据大脑中所记住的这些画面，就能轻松地把这段文字回忆出来。这里所用的记忆方法，可以叫理解记忆，也可以叫图像记忆，但肯定不是死记硬背。

再来看《鬼谷子·反应第二》[1]的这段：

故知之始己，自知而后知人也。其相知也，若比目之鱼；其伺言也，若声之与响也；其见形也，若光之与影也；其察言也不失，若磁石之取针、舌之取燔骨。其与人也微，其见情也疾。如阴与阳，如阳与阴；如圆与方，如方与圆。未见形，圆以道之；既见形，方以事之。进退左右，以是司之。己不先定，牧人不正。事用不巧，是谓忘情失道。己审先定以牧人，策而无形容，莫见其门，是谓天神。

1 鬼谷子，陈默译注.鬼谷子——中华经典藏书 [M].吉林：吉林美术出版社，2015.

　　要记上面这段，是不是需要先理解？肯定是需要的。如果不理解，直接按声音去读，完全没有图像，那是读很多遍也记不下来的。即使勉强记下来，一方面很容易忘记，另外一方面，无意义的声音组合，记下来又有什么意义？

　　要想理解这段话，其实就是要想图像。

　　"故知之始己，自知而后知人也"这句，可以想象自己和身边的人，先了解自己的各方面，然后再了解身边的人。

　　"其相知也……舌之取燔骨"这句，比目鱼、声响、光影、磁石、舌头等等，图像容易想，因此也容易理解、容易记忆。

　　接下来"其与人也微"一直到结束的部分，就比较抽象了，不容易想图像，不容易理解，因此也不容易记忆。如果有能理解这段的人，能够把这段话的意思，用比较生动的图像（甚至故事）讲解一下，让我们大脑能形成图像，那就能帮助我们有效理解和记忆。如果有人似懂非懂，又用另外一堆抽象的词语和概念来给我们解释一番，我们的大脑里无法形成图像，那同样很难理解和记忆。

　　从教学上来说，如果一个老师在授课的时候，能把知识（例如诗词、课文、各科知识）用形象生动的话语来讲解，让同学们能轻松在大脑里建立图像，那么，同学们就容易理解和记忆，学习效率就高。相反，如果一个老师讲解的时候，语言抽象，同学们不容易在大脑中建立图像，那么，学习效率就低。

理解和记忆跟图像的高度相关，对教学的启发是：一方面多用图像化的语言、工具（例如图画、视频等）、方式（例如涂鸦、画图等）来教学；另一方面教学内容要符合学生大脑图像储备的水平，那些难的、抽象的内容要考虑学生是否容易吸收；另外，教的内容要尽量跟生活相关，让学生能用出来，不停地学却没有用武之地，是很难有动力持续学习的。

《论语》第一句话："学而时习之，不亦说乎！"学了的知识，要在各种不同的情况下能练习、运用，这样的学习才会有乐趣。

自学的话，如果能养成主动构想图像的习惯，无论学什么，都尽可能去把文字转化为图像，那么，学习效率就会高。相反，如果养成了声音记忆的习惯，遇到要学的资料就只是机械去读很多遍，那样学习效率就会低很多。

怎样养成主动构想图像的习惯？除了学习图像记忆法之外，还有一个很重要的方法，就是多看故事类的书，各种故事类的图书，例如漫画、小说、科幻、历史故事等等。尤其是历史书，从故事吸引人的历史小说开始看，慢慢打开视野，慢慢引发思考，然后慢慢探索抽象的规律。

知识的积累，从本质上主要是图像的积累。我们所学的知识，最终都要化为生动活泼的图像，才能更好地被我们理解和吸收，然后才能运用于实践当中。

训练逻辑思维必须立足于图像

·逻辑是深层的理解

根据作品字面的含义展开想象，这是浅层的理解。而进一步的理解，则需要找出重点，找出作品的表达逻辑。可以说，逻辑是深层的理解。

我们以刘禹锡的《酬乐天扬州初逢席上见赠》[1] 这首诗来说明：

巴山楚水凄凉地，二十三年弃置身。

怀旧空吟闻笛赋，到乡翻似烂柯人。

1　于丹.跟于丹老师一起读最美古诗词 [M].北京：北京联合出版公司，2013.

沉舟侧畔千帆过，病树前头万木春。

今日听君歌一曲，暂凭杯酒长精神。

怎样理解这首诗？首先要理解每一句话的意思，也就是要对每一句话展开想象。有了画面，自然就理解了。

"巴山楚水凄凉地，二十三年弃置身。"

想象：刘禹锡被贬到穷山恶水非常凄凉的地方，在那些地方待了二十三年，一直都回不了京城。

"怀旧空吟闻笛赋，到乡翻似烂柯人。"

想象：他怀念家乡、怀念故人的时候，只能背诵《思旧赋》来缓解思念；现在回到家乡了，却发现物是人非，自己像传说中的烂柯人那样完全融不入家乡的氛围了。

"沉舟侧畔千帆过，病树前头万木春。"

想象：一条河里，沉了不少船，但其他许许多多的船还是在河里来来往往；一片森林，有不少树病倒了，但其他树木还是欣欣向荣地生长。

"今日听君歌一曲，暂凭杯酒长精神。"

想象：今天你（白居易）唱了一首诗给我听，鼓舞了我，我也暂时凭借手中这杯酒，振奋精神，努力奋斗！

通过以上的想象（每个人可以根据自己的喜好做更加细致的想象加工），我们对每句话都有了画面感，也基

图 4-2 《酬乐天扬州初逢席上见赠》逻辑理解图像示意

本上能理解每句话的含义了。这就是浅层次的理解。

　　诗里的每个字、每句话都理解了，是不是表示所有的理解都完成了呢？不是的！这首诗想表达的是什么？表达逻辑是怎样的（先讲了什么、后讲了什么、分为几个部分、围绕什么中心来展开等等）？只有这些都弄明白了，才能算完成所有的理解。

　　要找出作品的表达逻辑，就需要找到逻辑关键词。逻辑关键词跟前面"关键词联想法"中的提示关键词不同，提示关键词可以随便找，而逻辑关键词则不能随便找。

逻辑关键词，是表达某个重点意思的最简洁的词语，它有时候可以从文中找出，有时候则需要归纳才行。

例如前面的《酬乐天扬州初逢席上见赠》这首诗，我们可以按照不同的层次来找逻辑关键词。

首先是每句的逻辑关键词。

例如第一句："巴山楚水凄凉地，二十三年弃置身。"这句话表达的重点是什么？能不能用一个词来概括？这个词就是这句话的逻辑关键词（简称"关键词"）。通过想象刘禹锡的处境，他在穷山恶水的地方待了23年，最大的感受是什么？应该是"凄凉"！因此第一句的关键词就是：凄凉。

第二句："怀旧空吟闻笛赋，到乡翻似烂柯人。"这句话表达的重点是什么？前半句，"怀旧空吟闻笛赋"讲的是他思念家乡；后半句，"到乡翻似烂柯人"，讲的是他回到家乡之后发现家乡已经变得让自己认不出来了。两句合起来，用哪个关键词来概括？似乎用"沧桑"比较合适。沧海桑田，变化巨大。因此第二句的关键词就是：沧桑。

第三句："沉舟侧畔千帆过，病树前头万木春。"这句话大家都耳熟能详，但它究竟表达了什么意思？恐怕很多人都没有认真想过。这句话的表面意思，船啊、树啊，我们都能明白。但作者整句话放在一起，表达的核心思想是什么？能不能用一个关键词来概括？这个就属于逻辑思考了。但逻辑思考离不开图像，我们需要在大脑中展开画面，然后慢慢体会、慢慢感受，然后才能慢慢发现，这组图像透露出来的重点是：生机！虽然有很多船沉了，有很多树病倒了，但其他船仍然毫无畏惧地在江上行驶，其他树仍然积极地向上生长，这展现的就是一种生机勃勃的活力。因此，第三句的关键词是：生机。

第四句："今日听君歌一曲，暂凭杯酒长精神。"这句话表达的重点是什么？应该是：长精神！无论是白居易的诗歌也好，还是杯中酒也好，都能让作者气血奔腾，因此本句的关键词是：长精神！

好了，一首诗，四句话，四个关键词都找出来了，分别是：凄凉、沧桑、生机、长精神。

这已经有一部分逻辑了，但还不够。进一步还要思考一下，这四句应该分为几个部分？

我们看一下，哪几句之间有共同点，可以放到一起？

认真思考之后，我们觉得第一句和第二句可以归为一部分，讲的是刘禹锡以往的遭遇，关键词是：遭遇。

第三句和第四句可以归为一部分，讲的是刘禹锡的心态，关键词是：心态。

　　然后整首诗最重要的关键词（能表达作品中心思想的关键词）是什么？毫无疑问，是最后一句话的关键词：长精神！

　　通过上面的层层思考与分析，我们有了一系列的关键词，然后把这些关键词按照逻辑关系进行排列，就有了图 4-3：

图 4-3　《酬乐天扬州初逢席上见赠》逻辑思维导图

　　从图 4-3，我们再来看整首作品的表达逻辑，就很清楚了：

　　《酬乐天扬州初逢席上见赠》这首作品，作者想表达的中心是"长精神"（振奋精神）。

　　首先讲了自己的**遭遇**，在外面"流浪"了 23 年，非常**凄凉**；回到日夜思念的家乡，竟然发现自己成了陌生人，让人感觉人生的**沧桑**。

　　然而，面对这样的人生遭遇，刘禹锡的心态是什么呢？他回来之后，受到这个社会积极向上的状态感染。

虽然自己老了、不中用了，但社会上还有很多青年才俊不断努力奋斗，这种生机勃勃的状态深深感染了他。好友白居易用一首诗激励了他，再加上酒精的刺激作用，整个人立刻有了精神振奋（长精神）的感觉，也希望能够为这个社会继续贡献自己的力量。

当我们通过细致的想象、体会，找到每句的关键词、每个部分的关键词以及整首作品最重要的关键词之后，整首作品的表达逻辑才被我们理清了。这个时候，才能说对这首作品有了深入、全面的理解。而逻辑关键词的寻找，则离不开想象的进一步发挥。因此，理解和逻辑，是相辅相成的，而其中的关键，则是想象（也就是图像）。

·右脑图像，左脑逻辑

美国心理生物学家罗杰·斯佩里，通过著名的割裂脑实验，研究并证实了"左右脑分工"理论，于1981年荣获诺贝尔生理学或医学奖。

根据罗杰·斯佩里的"左右脑分工"理论，左脑负责逻辑、语言、分析、推理等内容，而右脑负责图像、想象、直觉、音乐、节奏等内容。如果从学习的功能上来看，左右脑的分工主要是这样的：右脑负责图像、左脑负责逻辑。

然而，左右脑之间的这种分工，并不是完全独立的，而是相辅相成、甚至在一定程度上可以相互替代的。左右脑之间有千丝万缕的联系，它们常常是协同工作的。

从学习上来说，孩子们从小先发展的是右脑的图像能力，给他们讲故事他们喜欢听，但给他们讲一些抽象的逻辑、规律，他们就不愿意听了，因为左脑还没发展起来。等到慢慢长大，他们就不满足于单纯的故事了，而希望从故事里听到一些道理、了解一些规律，这个时候左脑的逻辑能力就逐渐发展了。

从左右脑发展的先后顺序，我们也可以明白，右脑图像是左脑逻辑的基础，只有右脑的图像吸收充分了，然后才能从这些图像之中慢慢找出重点、找出规律、找出逻辑，然后逻辑思维才能逐渐变得强大。离开图像去发展逻辑，逻辑的发展就成了无源之水、无本之木。

左脑逻辑是建立在右脑图像的基础之上的。我们通过曹操的《龟虽寿》[1]来举例说明：

---

1 曹操，曹丕，曹植．三曹诗选 [M]．扬州：江苏广陵书社，2014.

神龟虽寿，犹有竟时。

腾蛇乘雾，终为土灰。

老骥伏枥，志在千里。

烈士暮年，壮心不已。

盈缩之期，不但在天。

养怡之福，可得永年。

幸甚至哉，歌以咏志。

曹操的这首《龟虽寿》，通过右脑发挥想象，我们可以看到这些图像：神龟、腾蛇（一种会飞的蛇）、老骥（马）、烈士（有远大抱负的人）、盈缩之期（寿命）、养怡（调养身心）、歌。

有了图之后，我们怎样来找出这首诗的表达逻辑？主要就是先对上面那些图像（关键词）进行归类，看看这首诗应该分为几个部分。

这首诗共 7 句，其中最后那句"幸甚至哉，歌以咏志"是曹操惯用的结尾，暂时可以忽略，主要分析的就是前面的 6 句。

除了"歌"之外的前面 6 个图像，我们粗略看过去，很容易就能看到，前面的 3 个图像"龟、蛇、马"是动物，而后面的 3 个都是跟人有关的。那么就可以分为两个部分：前面 3 句讲的是动物，后面 3 句讲的是人。

如果前面 3 个动物归为一个部分的话，那我们就得进一步去思考，它们的共同点是什么、想表达什么内容。接下来我们就得通过图像去看看 3 种动物的表现：

"神龟虽寿，犹有竟时"：神龟虽然寿命很长，但总会死的。

"腾蛇乘雾，终为土灰"：腾蛇虽然会腾云驾雾，但也是会死的。

"老骥伏枥，志在千里"：年老的千里马虽然伏在马槽旁，但它却有驰骋千里的雄心壮志。

通过上面 3 组图像，我可以很容易地看到，"神龟"和"腾蛇"，它们表达的内容是一样的：虽然都是很厉害的神奇动物，但迟早会死。而"老骥"所表达的内容跟它们就相反了，老马是个普通的动物，但却有雄心壮志。

通过图像的对比，我们发现，"老骥伏枥"这句，不应该跟它前面的两句归在一起，那就很有可能跟下面那句归在一起。

我们再来看第四句"烈士暮年，壮心不已"：有远大抱负的人，即使到了晚年，奋发进取的心也永不停息。我们看这组图像，所表达的含义，跟上面"老骥伏枥"那句，其实是一样的。

这样来看，第一句和第二句应该属于一个部分，而第三句和第四句则属于第二个部分。剩下的第五、六句：

"盈缩之期，不但在天。养怡之福，可得永年。"讲的是寿命长短不完全由天决定，我们只要善于调养，也同样能益寿延年。因此这两句是属于第三部分。

这首诗完整的表达逻辑是：神龟和螣蛇，虽然都是神兽，寿命很长，但它们终究会死的，如果没留下贡献，生命的价值也不大。有远大抱负的壮士，就像老马那样，虽然生活环境普通、寿命也不长，但只要有雄心壮志，生命也同样可以精彩。虽然神兽的寿命长、人的寿命短，但人的寿命不完全由天注定，我们通过调养，也完全能延长寿命、让我们的抱负在有生之年得以实现。

图 4-4　《龟虽寿》表达逻辑示意图

通过前面的分析，我们可以看到，表达逻辑（规律），看起来抽象，但其实它是建立在对图像的一步一步分析、归类、调整的基础上的。只有把图像看清了，看到了图像之间的共同点、差异处，我们才能把图像进行归类整理，然后才能让抽象的逻辑浮现出来。

从这个例子我们可以看到，如果构思图像的能力没有训练好，逻辑能力也难以训练起来。当然，如果仅仅停留在图像阶段，而没有进一步把图像进行整理、归类、找规律，即使图像能力再强，逻辑能力也难以有效发展。

图像记忆方法的运用，一方面注重把文字进行图像化，充分发挥右脑的图像功能，让我们能够更好地理解和记忆；另一方面也注重在图像的基础上找重点（关键词）、找规律，通过找到作品的表达逻辑来帮助我们进一步加深理解和记忆，发挥逻辑记忆的强大威力。

这种以图像为基础、左右脑结合的学习方式，肯定比单纯靠声音重复的死记硬背要强大得多！

大脑训练，一方面要训练右脑的图像记忆能力，另一方面也要训练左脑的逻辑思维能力。图像与逻辑结合起来，才能打造出真正的最强大脑！

· 被严重忽视却影响一生的表达逻辑

人们平常讲到"逻辑思维、逻辑训练"的时候，常常指的是数理逻辑，例如奥数、物理、编程等。甚至讲到"思维训练"的时候，也常常用来代指奥数培训。好像思维能力、逻辑能力，都只跟数理相关。而我们日常人与人之间语言交流、文字交流的表达逻辑反而不见了踪影。

数理逻辑是了解物质世界规律的一种重要方式，同时也是我们发展科技、造福人类社会的重要手段。数理逻辑的重要性我们不能否认。然而，如果因为数理逻辑的重要而忽略了对表达逻辑的培养，就不那么明智了。毕竟，人生不仅是科技，还有生活、情感、交流、表达、沟通等很多重要内容。而从人群上来说，真正从事高科技的，毕竟是少数人，相比数理逻辑，大部分人其实更需要表达逻辑。

现在看一个人是否聪明，常常看他的数理分析和计算能力（很多学校的小升初选拔，主要看奥数成绩）。而我国古代很长时间，则是看一个人的文字表达能力（写文章）。虽然通过文章来判断一个人的能力肯定是有所偏颇的，但很多时候，从一篇文章之中，确实可以看出一个人的图像能力、逻辑能力，能看出左右脑的发达程度。

我国数千年的历史中，留下了许多图像生动、逻辑严密、格调高远的作品，如果以短文来说，范仲淹的《岳阳楼记》可谓其中的佼佼者。

我从右脑图像和左脑逻辑的角度，来给大家讲解一下范仲淹的名篇：

岳阳楼记 [1]

庆历四年春，滕子京谪守巴陵郡。越明年，政通人和，百废具兴。乃重修岳阳楼，增其旧制，刻唐贤今人诗赋于其上。属予作文以记之。

予观夫巴陵胜状，在洞庭一湖。衔远山，吞长江，浩浩汤汤，横无际涯；朝晖夕阴，气象万千。此则岳阳楼之大观也。前人之述备矣。然则北通巫峡，南极潇湘，迁客骚人，多会于此，览物之情，得无异乎？

若夫霪雨霏霏，连月不开；阴风怒号，浊浪排空；日星隐曜，山岳潜形；商旅不行，樯倾楫摧；薄暮冥冥，虎啸猿啼。登斯楼也，则有去国怀乡，

---

1 钟基，李先银，王身钢译注. 古文观止 [M]. 北京：中华书局，2016.

忧谗畏讥，满目萧然，感极而悲者矣。

至若春和景明，波澜不惊，上下天光，一碧万顷，沙鸥翔集，锦鳞游泳；岸芷汀兰，郁郁青青。而或长烟一空，皓月千里，浮光跃金，静影沉璧，渔歌互答，此乐何极！登斯楼也，则有心旷神怡，宠辱偕忘，把酒临风，其喜洋洋者矣。

嗟夫！予尝求古仁人之心，或异二者之为。何哉？不以物喜，不以己悲。居庙堂之高则忧其民，处江湖之远则忧其君。是进亦忧，退亦忧。然则何时而乐耶？其必曰"先天下之忧而忧，后天下之乐而乐"乎。噫！微斯人，吾谁与归？

时六年九月十五日。

我的讲解，虽然不是以字词句的解释为主，但通过图像展现和逻辑分析，相信大家也能大致明白这篇古文的内容。

学习也好，首先需要用的是右脑，根据文字展开想象，这能帮助我们有效理解文章的内容。当我们根据文字的描绘，对《岳阳楼记》这篇文章展开想象的时候，就能发现，里面有大量的景色描写。

例如第二段写洞庭湖："衔远山，吞长江，浩浩汤汤，横无际涯；朝晖夕阴，气象万千。"洞庭湖的广阔、浩荡、早晚光影的变化，都呈现在眼前。

第三段写阴雨天的景色："若夫霪雨霏霏，连月不开，阴风怒号，浊浪排空；日星隐曜，山岳潜形；商旅不行，樯倾楫摧；薄暮冥冥，虎啸猿啼。"用简短精练的手法，生动描写了雨、风、云、船、兽等状态。

第四段写晴天，白天的时候"至若春和景明，波澜不惊，上下天光，一碧万顷，沙鸥翔集，锦鳞游泳；岸芷汀兰，郁郁青青。"描写了湖水的光影变化，小鸟、鱼儿、岸边的花草。晚上的时候"而或长烟一空，皓月千里，浮光跃金，静影沉璧，渔歌互答，此乐何极！"描写了月亮及其在湖里的倒影、渔夫的欢歌笑语。

整篇文章，几乎有一半的文字在描写风景，描写在各种情况下登上岳阳楼所看到的洞庭湖的风景变化。文字精练、笔触细腻，让我们眼前很容易就能浮现各种画面，犹如身临其境。

去过洞庭湖的人难以数计，而对洞庭湖的描写能如此生动、引人入胜的倒不多。抛开文字表达能力不说，至少范仲淹描写的，肯定是他大脑里构想的画面。登上岳阳楼，我们所看到的洞庭湖可能都差不多，但在大脑中经过想象加工之后，就会大有不同。这些文字，让我们看到了范仲淹大脑中构想的画面，或许比真实的洞庭湖更有吸引力。

据说，范仲淹写这篇文章的时候，其实还没有去过岳阳楼，他只是根据滕子京派人送过来的一幅洞庭湖的画，就构思了这篇文章、写下了这些文字。从这里，可以看出范仲淹具有惊人的右脑图像能力、无与伦比的想象力。

如果只是写景，而没有情感表达，是成不了流传千古的经典文章的。《岳阳楼记》表面看起来是写了洞庭湖各种优美的景色，但更经典的是触景生情的表达方式。

第三段写完阴雨天气之后，紧接着就抛出了许多人在阴雨天中登楼看景时常有的心态："登斯楼也，则有去国怀乡，忧谗畏讥，满目萧然，感极而悲者矣。"用一个字概括，就是"悲"！

第四段写完晴天的景色之后，紧接着就引出了晴天时赏景的常见心态："登斯楼也，则有心旷神怡，宠辱偕忘，把酒临风，其喜洋洋者矣。"用一个字概括，就是"喜"！

然而，第五段，笔锋一转，范仲淹说自己所了解的古仁人的心态，不应该是悲（"不以己悲"），也不应该是喜（"不以物喜"），而是"忧"！忧国忧民，在高位的时候是忧，无权无势的时候也是忧，总之，"先天下之忧而忧"。"忧"这个字，就是全文的中心，也就是范仲淹高度赞扬的人生境界。

《岳阳楼记》这篇文章，核心是表达情感的，是以触景生情的手法，通过写景引发出相应的情感。然而，在写景和抒情的过程中，是蕴含着严密的表达逻辑的，这个逻辑，通过图 4-5 可以看得很清楚。

《岳阳楼记》写的不是岳阳楼，写的是登上岳阳楼看到的景以及触发的情，而整篇文章的中心是"忧"。作者的表达逻辑是这样的：

第一段，开头先交代写作背景，为什么要写这篇文章。

第二段，描写了登上岳阳楼看到的洞庭湖的辽阔景象。然后话锋一转，引出了不同的人在观赏景色的时候，应该会有不同的心情。"然则北通巫峡，南极潇湘，迁客骚人，多会于此，览物之情，得无异乎？"这是承上启下的一句。

接下来第三、四段，就描写了两种不同的人登楼赏景的心态：一种是担心别人落井下石的人，在阴雨天登楼时的悲伤心态；另一种是心胸开阔的人，在晴天登楼时的喜洋洋心态。看起来，第二种人的境界明显比第一种要高一些。

然而，作者更欣赏的是第三种心态，就是无论自己处境如何，都常怀忧国忧民之心，关心的不是自己的命

图 4-5 《岳阳楼记》表达逻辑思维导图

运，而是国家和天下。

悲、喜、忧，这 3 种境界，是递进关系。作者写岳阳楼记，真正想抒发的是自己忧国忧民的心态，两种人的悲、喜心态，起到的是烘托作用。

通过上面的分析，我们可以清楚地看到，作者范仲淹在动笔写作《岳阳楼记》之前，脑海中已经搭建好这个严密的逻辑表达体系，先有了逻辑的框架，然后再完善景和情的描写。

从范仲淹《岳阳楼记》这篇文章，我们不仅看到了他无与伦比的右脑图像能力，同时也看到了他严谨细密的左脑逻辑能力。这是多么强大的一颗大脑！更重要的是，我们还看到了范仲淹"先天下之忧而忧"的情怀。

精炼细致的图像描写、严谨细密的逻辑表达，再加上心怀天下的情怀，这就是《岳阳楼记》这篇文章成为经典的原因。

· 被过度强调却几乎浪费的数理逻辑

从上面的分析，我们可以看到，表达逻辑是建立在图像的基础上才能进行。要把表达逻辑训练好，不仅要训练左脑，同时也需要训练右脑。一个人强大的表达逻辑，是建立在整个大脑的充分训练的基础上的。

我们日常的工作、生活，少不了表达自己的想法和意见，少不了与人沟通，少不了安排各种人与事，这些都与表达逻辑有很大的关系。如果一个人的表达逻辑能够通过训练而获得有效提升，这对于他的生活、工作，都会有很大的帮助。

目前学校的传统教育偏向数理逻辑，而对表达逻辑训练得比较少。语文等文科，本来是训练表达逻辑的很好的工具，但由于缺乏对大脑训练原理和方式的了解，很多时候都变成了知识的机械灌输和答题技巧的反复练习，而忽略了大脑能力的训练，不仅右脑的图像能力缺乏训练，左脑的逻辑能力也同样缺乏训练。

从整个人生的角度，数理逻辑的训练，对于找一份高科技的工作，当然是有帮助的。但工作之内的沟通、管理，工作之外的生活，其实更重要的是表达逻辑。对于很多并不从事高科技工作的人来说，表达逻辑的重要性就更明显了。

因此，从教育的角度来看，数理逻辑对普通大众不一定那么有用，可以分阶梯按需求来进行；而表达逻辑则是关乎每个人的思考、表达、沟通，关乎每个人的人生，是人人都需要的，应该放在更重要的位置。

不一定每个人都会成为数学家、科学家，不一定每个人都会从事高科技行业，但肯定每个人都需要生活、都需要表达、都需要交流。

用图像夺回学习的专注力

· 现代人专注力下降的原因

很多人（尤其是成年人），在面对学习的时候，心情容易烦躁，坐立不安，学不了两分钟就不想学了，想去干别的。似乎随便找一件事情，都比学习更有趣。

现代人之所以很难专注在学习上，是因为现代人的专注力（特指学习方面的专注力）下降得越来越厉害。而专注力的下降，有许多方面的原因。

诱惑太多

手机游戏、电脑、电视节目，这些都不断地在抢夺人们的专注力。许多公司不断投入大量的资金，每天有无数聪明人在勤奋研发那些更好玩、更能吸引人们注意力的游戏，想尽办法把孩子和成人分配在学习中的时间和注意力抢夺过来。

动力不足

现在不像古时候，生活艰难，如果不好好学习，就无法出人头地。现在许多家庭都很富裕，即使不工作，依靠父母的积蓄，也能无忧无虑地生活。能学就学一些，学不进去也无所谓。每天只是想着怎样过得更舒适、更有趣，遇到枯燥的学习就会下意识地想要远离，注意力自然就难以集中在学习上。

远离学习太久

许多人走入社会之后，学习的动力不足了，学习的时间也明显减少了，甚至会很长一段时间都不去学习。一个忙于工作的人，很难找到其他伙伴来跟自己一起学习，而自己一个人，也没有学习的心情。学习过的知识被逐渐遗忘，而不学习，则慢慢成了一种习惯。

琐事太多

很多人出了大学校门之后，尤其是有了孩子之后，就会发现自己的专注力大不如前，看书基本上都看不进去了。这其中一个重要的原因，就是每天的琐事太多，每天接触和交流的信息太多。一个事情还没有完成，就接触到另一个事情；这边书还没翻开两页，手机的短信提示、微信信息就此起彼伏地响起；这边刚放下电话，网上就出现了许多有趣的资讯，一转眼连刚才跟谁通话、

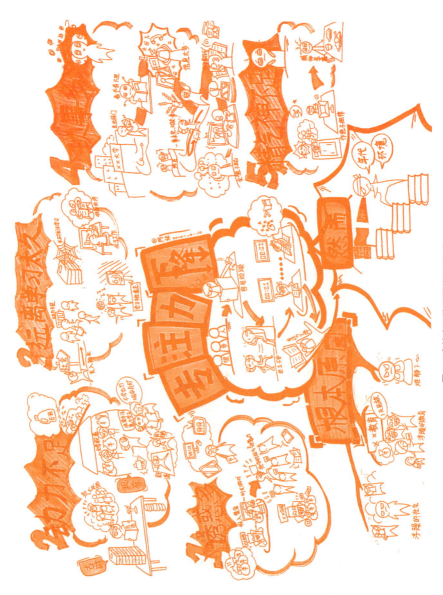

图 4-6 专注力下降原因的涂鸦记忆

说了什么内容，统统都想不起来了。

精气神不足

许多人作息不规律、缺乏运动，长期处于亚健康状态，精神萎靡，吃不香、睡不着，学习提不起劲，专注力自然会越来越差。

现代人专注力下降的原因还有很多很多，而环境的浮躁，也是主因之一。在浮躁的环境中要想静下心来，当然不是一件容易的事情。

然而，无论在什么年代、无论在什么环境中，学习都是很重要的。而要想进行有效率的学习，就少不了要有良好的专注力。

·专注往往取决于图像所引发的兴趣

专注，普通的解释是这样的：专心注意、全神贯注、心神专一。这样的解释强调了与"内心"的关系，这个没什么问题，但却忽略了专注跟大脑图像的关系。

专注是内心状态的一种表现，内心能量稳定在某个范围，就容易专注；内心能量不稳定，就不容易专注。

但专注同时也是大脑状态的一种表现，大脑的图像稳定在某个范围内，就表示专注；大脑的图像偏离了某个范围，就表示不专注。

从大脑图像的角度，可以这样来理解专注：专注就是大脑图像长时间围绕着某个特定主题展开想象的过程。

一个人非常专注的时候，我们常常说他"心无杂念"。心无杂念反映在大脑上，就是大脑的图像稳定在某个主题上而不是飘忽不定。例如射箭的时候，我们心无杂念，这个时候大脑里肯定有靶心的图像，可能也会有箭头的图像、肩膀是否放松的图像、身体和双手姿势的图像。虽然大脑中的图像其实也挺多，但这些图像都是与射箭这个活动相关的，因此不算是杂念。

但是，如果大脑图像离开了某个特定的主题，就意味着分心了。

例如我们在进行数字记忆训练的时候，大脑里的图像都是与数字编码、地点桩这些相关，如果某个时候忽然想到与数字记忆无关的生活琐事，那就意味着分心了。又如我们在用数字桩记忆《长恨歌》的时候，虽然每句的图像都不同，大脑高度活跃，从这句的图像跳到那句的图像，但只要是围绕着《长恨歌》的记忆所产生的图像，都是属于专注的。然而，如果我们在中间突然被某个图像勾起了往事的回忆，或者引发了某些不相关的想象，那就意味着分心了。

分辨专注还是不专注，主要是看大脑图像是否围绕着某个特定主题来进行。

例如在一个课堂上，大家都在认真听讲，有一个同学却分心了，他在入神地想着第二天即将举行的晚会应该怎样筹划。这个同学，如果以课堂上的学习效率来衡量，他是不专注的；但从另外一个角度来看，他却一直专注在对晚会的构思与筹划上面，对这件事情他是非常专注的。

而另外一个同学，既没有认真听课，也没有沉浸在某件事情上，总是在东张西望、东摸西摸，他并没有围绕着某个特定的主题，那当然就是不专注了。

如果我们要说有什么东西能让几乎所有人都长时间保持专注的话，那常见的是这些：好看的小说、电视剧、电影，好玩的游戏。为什么这些东西能让大家保持专注？主要就是精彩的画面，以及这些画面所引发的情绪体验。

画面（图像）容易引发情绪体验，而情绪体验能让我们专注。 情绪体验在内心，而图像则在大脑，情绪与图像有着千丝万缕的联系。如果大脑里的图像（例如一本我们喜欢看的小说）是我们感兴趣的，那我们就容易专注；如果大脑里的图像（例如一本我们不感兴趣的专业类书籍）是我们不感兴趣的，那就不容易专注。

关于专注，我们大致可以有这样一个结论：专注主要来源于兴趣（内心），而大脑中的图像则是引发兴趣的常见原因。简单地说，**专注往往取决于大脑图像所引发**

的兴趣。

一个人保持着对学习的兴趣，往往比学了多少知识更重要。因为有了兴趣，在这个知识触手可及的时代，可以随心所欲不断去学各种各样自己喜欢的知识，可以终身学习、终身享受学习的乐趣。而如果找不到学习的乐趣，即使勉强读了大学，读到研究生毕业，踏入社会之后，恐怕很快就会把学习这件事情抛诸脑后了。

很多人之所以没有学习的兴趣，一拿起书就昏昏欲睡，一个重要原因，是长时间养成了学习那些不感兴趣的知识的习惯，或者长时间运用令人不感兴趣的方式来学习，认为学习就是件苦差事，没有充分体会到学习的乐趣。

孔子说："知之者不如好之者，好之者不如乐之者。"[1]

"知之者"就是知道学习很重要但却提不起精神去学的人；"好之者"就是能逼着自己努力去学的人；"乐之者"就是能体会到学习乐趣的人。

我们的教育体系目前努力在培养大批"好之者"，但却很少有意识去培养"乐之者"。

怎样培养"乐之者"？方法之一，就是提供大量他们

---

1 语文七年级上册 [M]. 北京：人民教育出版社，2016.

所感兴趣的、有益的知识图像。例如可以多设立阅读课，让孩子们有大量的时间用来阅读他们感兴趣的书，各种健康有益的书都行。

图 4-7 专注力取决于图像引发的兴趣

在阅读自己喜欢的书的时候，孩子们会积极地在大脑里构想各种画面，他们会被自己所构想的画面所吸引，他们会不断积累丰富的知识图像，然后会引发更广泛、更深入的兴趣，再去进一步积累更广博、更专精的知识图像，最后他们就可能成为"乐之者"。学习其实就是这么简单。某些学科的教育也是这么简单：只要向孩子们提供大量的知识图像，然后给予一定的引导、答疑解惑，提供交流、实践、实验的机会，就差不多了。

·主动想象，才能真正有效提升专注力

追求享受、逃避痛苦是人的本能，学习上的痛苦虽然并不是很大的痛苦，然而这是一种许多人都不愿意忍

受的痛苦，而且因为逃避起来太容易，因此大部分人一感觉到学习的痛苦，就会很容易选择逃避。

当我们面对枯燥的学习资料的时候，经常会觉得痛苦。

许多孩子之所以学不好，是因为学习的过程比较枯燥，不够有趣。

枯燥的原因主要有两个：

一个是老师讲得比较枯燥，本来可以讲得妙趣横生的内容，有些老师讲出来却味同嚼蜡。

一个是学习的内容本身比较枯燥，再好的老师使出浑身解数，也很难把它们讲得像故事那样引人入胜。

但是无论如何，总是有各种各样的办法，能够把抽象、枯燥的学习内容，变得更加生动有趣一些，尽可能地吸引孩子们的注意力。

图像记忆方法，就是把抽象、枯燥的资料，变成生动有趣的画面，从而让机械、枯燥的学习变得生动有趣，因此能带来更好的专注力。然而很多时候，大脑总会被各种各样与学习无关的、更好玩的图像抢夺专注力，这个时候，动手画图，就能让我们更专注于与学习相关的图像之中。因此，养成动手画图的习惯，对于培养专注力，是非常有帮助的。

当我在训练学员的时候，主要是帮助他们运用自己的想象力，把那些抽象的、枯燥的学习资料，变得像电影、动画那样生动活泼，充满图像感，这样一来，那些原本枯燥无味的、令人生厌的学习资料，马上变得生动活泼、妙趣横生，这样的学习自然会充满乐趣。

我在进行记忆培训的过程中，发现有许多右脑型的孩子，他们的右脑想象力比较发达，他们喜欢那些生动有趣、充满想象力的东西，而对那些枯燥乏味的东西则很容易失去兴趣和耐心。这部分孩子在学校里面对那些枯燥的知识的时候，会显得无所适从，很难进入学习状态。

然而，这部分孩子通过系统的图像记忆训练之后，他们发现原来可以主动地运用想象力，把那些原本自己讨厌的、枯燥的东西，变成自己喜欢的、生动的内容，学习热情自然就会被调动起来，整个人的学习状态立刻会有 180 度的转变。

很多家长都发现自己的孩子有这样的现象：他们在学习的时候总是无法集中注意力，学不了几分钟就会动来动去。但是，一旦把他们放在电脑前面、电视机前面的时候，他们却能几个小时坐着一动不动。

其中的奥秘就在于：动态画面。

人的大脑对于动态的画面非常敏感，活动的、有趣的动态画面（例如电视电影节目、电脑游戏），甚至是想象中的动态画面（例如听故事、看小说），都能轻松地抓住我们的注意力。

然而，孩子们坐在电脑、电视机前面一动不动，这是训练专注力的很好方法吗？

答案是否定的。经常让孩子看电视剧、玩电脑游戏，这是一种饮鸩止渴的做法，长久下去只会进一步削弱孩子们的专注力。

有许多孩子很顽皮，总是跑来跑去，或者总是搞一些小破坏，家长没有那么多时间和精力来照顾他们，于是就扔给他们一个手机或平板电脑，让他们玩游戏。孩子一下子就静下来了，一动不动，也不出声，家长也就可以安心去忙其他事情。

然而长此以往，你会发现，这样的孩子只能被那些非常生动、非常丰富的画面或游戏所吸引，稍微不那么有趣的、不那么好玩的，对他们的吸引力会越来越低。换句话说，要想让他们静下来，难度会越来越大。

而且这样的孩子越来越难以忍受枯燥、寂寞，会变得越来越浮躁。当他们面对学校那些枯燥、抽象的学习资料的时候，就更加难以静下心来进行学习。这样下去，他们的专注力只会越来越低。

在我们看电视、玩电脑游戏的时候，我们是被屏幕里那些生动的画面所吸引，这个时候是在被动地发挥想象力，是跟着影片导演或者游戏设计者的想象力在走。这时我们的注意力是被动的。

这样被动的想象和被动的注意力，对于提升我们的专注力并没有太大的帮助。

专注力的提升，需要的是主动的想象力，需要的是让自己的大脑转起来，自己去发挥想象。虽然刚开始可能想象得不够丰富、不够生动、不够有趣，但是多主动去想象，我们的想象力就会越来越好。

在主动想象力逐渐发展的过程中，我们慢慢会具备一种强大的能力，即使给我们很枯燥、很抽象、很无趣的学习资料的时候，我们也可以轻松地在大脑中把它们转化为生动有趣的画面，从而能够长时间地保持专注——这种才是真正有用的专注力。

所以，当孩子们静不下来的时候，与其让他们玩电脑游戏、看电视剧，不如给他们一些能够动手的玩具，让他们有一个玩具可以拼、可以装、可以拆，如果还能让他们在这个过程中稍微动动脑（例如玩拼图、积木、魔方等等），那就更好了。

甚至，让他们跑起来、跳起来，把那些富余的能量消耗掉，当他们玩累了的时候，自然就会安静下来。

如果，他们愿意阅读，那就更好了。给他们一些有趣的、有益的读物，让他们沉浸在阅读的世界之中，那样对于养护他们的专注力会有很大的好处。

·关于学习，最重要的事情是维护学习的兴趣

小孩一生下来，就开始学习各种各样的东西。对他们来说，学就是玩，玩就是学；在学中玩，在玩中学。

但是随着年龄慢慢长大，尤其是进入小学之后，学的东西越来越枯燥，学习就开始变得不那么好玩了。而玩的东西，价值不大的东西反复玩，甚至沉迷进去（例如打牌、网络游戏等），也就失去了学习的价值。

这个时候，学与玩就开始分裂了。

每个孩子的智力发展有快有慢，学习能力倾向也有所不同，兴趣爱好更是各不相同。然而，从小学到高中的整个学习阶段，所有的孩子都被安排了相同的学习内容，不管孩子们是不是喜欢学、是不是愿意学，反正每个孩子都必须学，而且学习内容的难度又非常大。

这是造成学与玩分裂的最大原因。

当然，有些知识是人人都应该学而且必须学的，例如语数英等等，我们可以统一安排给孩子们进行学习。

但是，这些学习内容，只需要占一小部分时间就好了，不应该占去孩子们大部分的时间；也不应该把学习的难度弄得这么高，挫伤孩子们的学习热情；更不应该为了学而学、为了考试而学。

对于专业和发展方向都还没有确定的中小学生来说，保护他们的学习兴趣是第一位的，学得太深、太细，完全没有必要。

事实上，一门知识，刚开始接触的时候，是比较有趣的，但往深、往难去学的话，就容易打击孩子们的学习热情了。

例如，我们偶尔去游游泳、跳跳水，那是一种娱乐、一种享受，但如果让你像专业运动员那样每天跳水几百次，那恐怕不少人宁愿选择跳楼了。

孩子们天天做那些无趣的作业和试卷，每天做作业到很晚，周末没有休息、没时间去做自己感兴趣的事情，在这么严酷的环境下还能保持旺盛的学习热情和学习兴趣的人，恐怕寥寥无几。

不少学生在课堂上感受不到学习的乐趣，每天都是在熬日子，从早上 8 点一直熬到下午 5 点，天天到学校里去备受煎熬，而且要熬这么多年，想一想都会觉得不寒而栗。

让孩子反复面对这些枯燥无趣、晦涩难懂的知识，

那么，长此下去，扭曲的就不仅仅是孩子的心灵，还有家长的心灵、教育工作者的心灵。

很多时候，学习成绩好的同学，并不一定很聪明，只是他们对于所学的东西，相对更感兴趣。能够从学习中找到乐趣，就比较容易静下心来学习，成绩自然会好。

而那些学习成绩不怎么好的同学，并不一定不够聪明，只是他们对于所学的东西，不是很感兴趣。如果不能从学习中获得乐趣，学习的时候就会心不在焉，成绩自然不会好。然而，当他们遇到自己感兴趣的学习内容的时候，说不定，他们也会学得非常出色。

真正的学习，大部分时间，应该是为了兴趣而学，或者说，为了寻找自己的真正兴趣而学。我们应该多花一些时间引导孩子们根据自己的兴趣来学习，引导他们慢慢找到自己的学习兴趣。这样就会越学越开心，越开心越想学。这才是学习的正循环。

教育的失败，是让大多数人不知道该学什么，提不起学习的兴趣，不知道哪些东西对自己有用、有什么用，所以也就沉浸在对物质享受的追逐之中而不能自拔。

我常常见到一些家长，对于孩子的学习成绩过于焦虑，孩子有一点没有学会的、没有弄懂的，有一两次考试成绩不如意，就显得很着急，不断地批评、训斥自己的孩子。或者孩子没有认真学习、没有认真听课的时候，就忍不住责骂孩子，甚至拧孩子的耳朵。

孩子们在学校里本来已经饱受挫折了，回到家里还要继续被家长打骂，许多孩子天真的童心以及学习的热情，就这样慢慢被磨灭殆尽。

这些家长并不知道，对孩子的学习来说，成绩不是最重要的，最重要的是要维护好孩子的学习兴趣。

为了一两次的学习成绩，为了一两个无伤大雅的学习错误，为了一两门对今后人生未必有多大作用的学习科目，而磨灭掉孩子对学习的热情，实在是得不偿失。

有些孩子，性情还不稳定，不容易静下心来学习；有些孩子，智力成熟相对晚一些，一时半会儿跟不上学校的学习；有些孩子，好胜心不是特别强，学习不太用功；有些孩子，兴趣面比较广，暂时对学校的学习不太感兴趣。这些，其实都不是问题，只要能够维护好他们的学习兴趣，不管他们只是对某一两门科目感兴趣也好，或者对那些与学校课程无关的内容感兴趣也好，只要他们仍然保有对未知事物的探索热情，那么，他们总有一天会有出色的表现。

然而，如果家长眼里只有学习成绩，为了一时的学习成绩而不惜摧毁孩子对学习的兴趣和热情，那么，就等于毁掉了孩子的一生。

如果因为学习成绩的原因，而导致亲子关系紧张，甚至导致孩子心灵扭曲，那么，毁掉的不仅是孩子，更是整个家庭的幸福。

当我们还是小孩的时候，自由选择的空间不大，也缺乏自主选择的经验和能力，学校或者家长安排我们学什么，我们就只能乖乖地学什么。

然而，当我们逐渐长大，就应该开始有意识地寻找那些让自己感兴趣的学习内容。尤其是在高中的时候，除了课本里的知识，还应该广泛地了解各种知识、各个学科，到了高考的时候，就应该比较有意识地选择自己感兴趣的专业。这样到了大学的时候，才会学得更投入、更有效率。遗憾的是，现在的教育正好相反，孩子们到了高中，除了学校那几本课本，几乎没有时间和精力去了解其他知识，导致考大学的时候完全不知道自己对哪个专业感兴趣。

走进社会之后，我们的学习就变得更自由了，应该更多地去了解社会的各个领域，进一步探索或者加深自己在某个领域的兴趣。有了这样的兴趣，才能让我们持续专注于这个领域，而有了持续的专注，才会取得更多的工作成果、才会有更多的创新。

　　对于我们不感兴趣的事情或者工作，我们是很难投入进去的，也不容易保持专注力。而如果我们选择了一个自己感兴趣的领域，专注力自然就会很容易凝聚起来。

第五章

应用篇

图像记忆即将颠覆你的
学习生活

记忆万能公式

·3 大步骤：想象、联想、找关键词

前面的几个章节，我介绍了一系列的图像记忆方法，那么，在遇到不同记忆情况的时候应该怎样灵活运用呢？

我把所有的图像记忆方法，融合成了一个"记忆万能公式"，遇到任何的记忆情况，都可以把这个公式拿出来，按步骤进行运用。

记忆万能公式，只有3大步骤：想象、联想、找关键词。

图 5-1　记忆万能公式

想象：任何需要记忆的资料，我们首先就需要发挥想象，把图像想出来。图像记忆法运用的基础，就是要有图像，因此，想象是第一个步骤，主要用的是右脑。

联想：有了图像之后，接下来需要做的，就是把这些图像按顺序进行联想。联想的时候，需要加入额外的故事、动作、逻辑等，把需要记的图像从前到后联想起来。联想的运用，很多时候是右脑为主，有时候也需要用到左脑，因此可以说是左右脑结合进行的。

找关键词：如果需要记的内容比较多，把所有的内容都进行联想，就没有太大必要。这个时候就可以找出关键词，关键词包括提示关键词和逻辑关键词两种。找关键词这个步骤，左脑会运用得多一些。

记忆万能公式的 3 大步骤，想象主要是右脑的功能，联想是右脑加左脑，找关键词则是左脑为主。因此，这是从右脑图像开始，慢慢向左脑逻辑过渡，最终是左右脑灵活配合运用，获得强大的记忆效果。

这 3 个步骤之中，想象是基础，没有图像的话后面的步骤就没法运用出来；联想则包含了几乎所有的记忆方法，甚至关键词联想、逻辑联想，也是包含在联想里面的；而找关键词，是为了让联想变得更简单，如果记忆资料本来就是简单的，那么这一步骤倒不一定需要用。

几乎所有的图像记忆方法，都可以放入"联想"这个步骤里，例如：

画图记忆法、情景联想法、关键词联想法、逻辑联想法（包括思维导图）；

串联联想法、简化法、定桩法。

在这些联想的方法之中，画图记忆法（含涂鸦记忆、视觉笔记等图像化表达方法）是最基础的记忆方法，前面我们看到很多诗词的例子都被画成了图，那些就是画图记忆法的运用。对于初学者，我建议要加强画图记忆法的学习。虽然原则上任何记忆资料都可以在大脑中进行想象和联想的处理，不必把图画出来。但**对很多人来说，运用图像记忆法的最大障碍，是声音记忆的习惯太强大，如果不动笔画图，不养成想象的习惯，一不留神就会死记硬背。那样的话，其他再好的记忆方法都用不出来**。而画图记忆法只要一动笔，就保证了我们大脑是处于图像记忆的状态中。因此，画图记忆法能让我们养成把文字变成图像的习惯，让我们能从死记硬背的强大习惯中调整过来。

情景联想法有故事、有情节、有想象、有联想、有理解，甚至有逻辑，非常符合大脑喜欢看故事、看电影的吸收方式。情景联想法，通俗一点说，就是讲故事。我们的大脑对于有故事、有情节的生动图像（例如小说、电影等）是非常容易吸收的，如果把需要记忆的内容编成一个生动的故事，无疑会大大提升记忆效率。

然而，如果遇到比较长的记忆资料，从前到后把很多内容联想起来、编成故事，可能会比较麻烦，效率也不够高。这个时候，就可以找出提示性的关键词，运用关键词联想法来进行记忆。

如果是表达逻辑比较明显的诗词、文章，按照逻辑来记忆，效果会更好。这个时候，就尽可能运用逻辑联想法（含思维导图）。而且，对于有明显表达逻辑的记忆资料来说，逻辑联想法能帮助我们找出作品的表达逻辑，能加深对作品的理解。

串联联想法，就是把需要记忆的资料从前到后一个不漏地串联起来，这可以说是最基本的图像记忆方法之一。对于数量不太多的无规律信息，串联联想法是很好用的。

简化法用得稍微少一些，主要适用于记忆资料不太多的简答题。

而定桩法则主要适用于数量比较多的无规律资料，例如无规律词语、数字、扑克等。

· 无规律资料记忆：串联联想法和定桩法

无规律资料，例如无规律词语、无规律数字、圆周率、《三十六计》抽背、文学常识等等。对于无规律资料的记忆，可以用串联联想法或者定桩法（包括数字桩、地点桩等）。

例如这样一组无规律词语：

大树、窗户、百灵鸟、空调、小狗、骨头、狮子、垃圾桶、螃蟹、扫把、

白云、星星、小孩、冰激凌、苍蝇、椅子、灯泡、喇叭、白兔、辣椒。

用**串联联想法**可以这样来进行联想：

大树上开了一扇**窗户**，窗户里飞出一只**百灵鸟**，百灵鸟撞到了**空调**，空调里蹦出**小狗**……

用**地点桩**的话就需要先准备好十个地点，每个地点上放两个词语的图像。假设第一个地点是大门，可以这样想：**大门**口有一棵**大树**，大树上开了一扇**窗户**。剩下的可以根据自己找的地点分别进行联想。

在我们的日常学习中，无规律资料的记忆，运用的场景不是很多，但也有一些，例如成语记忆、历史年代、化学元素等。

另外，有些文章会出现一些无规律词语，例如《**谏逐客书**》[1] 里的这段文字：

1　钟基，李先银，王身钢译注．古文观止 [M]．北京：中华书局，2016.

　　今陛下致昆山之玉，有随和之宝，垂明月之珠，服太阿之剑，乘纤离之马，建翠凤之旗，树灵鼍之鼓。此数宝者，秦不生一焉，而陛下说之，何也？必秦国之所生然后可，则是夜光之璧不饰朝廷，犀象之器不为玩好，郑、卫之女不充后宫，而骏良駃騠不实外厩，江南金锡不为用，西蜀丹青不为采。

　　像上面那些彩色的词语，是作者列出的一连串的东西，这些属于无规律词语，如果死记硬背的话，读很多遍也难以按顺序记住。而用串联联想的方法，就可以轻松按顺序记住。

　　例如这句："今陛下致昆山之玉，有随和之宝，垂明月之珠，服太阿之剑，乘纤离之马，建翠凤之旗，树灵鼍之鼓。"可以这样进行联想：

　　秦始皇从一堆昆山宝玉（昆山之玉）之中，挑出了和氏璧（随和之宝），用它炼成了像明月那样的宝珠（明月之珠），把宝珠镶嵌在太阿剑（太阿之剑）上，然后乘上纤维织成的马（纤离之马），拔起远处的翠凤旗（翠凤之旗），插到了一面鼓（灵鼍之鼓）上。

　　这样，就可以把这些毫无规律的词语按顺序一个不漏地记住了。

不过，像这种情况，在古文和国学经典里会多一些，而在诗词和现代文里出现的概率会小一些。另外，通常的考试，考这种无规律词语记忆的情况也不是很多。

·有规律资料记忆：情景联想法和画图记忆法

在真正的学习和考试中，无规律资料的记忆需求是比较少的，而有规律资料的记忆情况则比较多。像诗词、课文、古文、各科重点内容，都是有规律的资料。

雪梅 [1]

〔宋〕卢梅坡

梅雪争春未肯降，

骚人阁笔费评章。

梅须逊雪三分白，

雪却输梅一段香。

《雪梅》这首诗，写了雪和梅花相互攀比而各有优缺

1　语文四年级上册 [M]．北京：人民教育出版社，2019.

点，整首诗的文字是按照一定的逻辑来展开的，而不是无规律词语的堆砌。因此，我们在记忆的时候，就不适合用串联联想法或者定桩法来进行记忆，而应该用情景联想法或者画图记忆法。

用画图记忆法，可以画一幅类似这样的图：

图 5-2 《雪梅》根据逻辑而展开的情景联想

情景联想法或者画图记忆法，主要作用是把文字化成生动活泼的图像，把记忆资料按照一个有意义的场景或故事来进行记忆，虽然没有用到记忆宫殿那些显得挺特别的记忆方法，但比起死记硬背的声音记忆，记忆效率也会高很多。

无论诗词也好、现代文也好、古文也好，作者写出来的作品，都是有中心、有内涵、有意义的作品，而不是无规律词语的堆砌，所以不适合用串联联想或者定桩法那些针对无规律资料的记忆方法。

· 中国特色的实用记忆方法体系

无规律资料的记忆方法，跟有规律资料的记忆方法，是不一样的，据此，我们可以把记忆方法分为两大类：

一类是用来记忆**无规律资料**的，常用的是串联联想法、简化法、定桩法等，这是源自托尼·博赞的**竞技记忆体系**。

另一类是用来记忆**有规律资料**的，核心是记忆万能公式，常用的是画图记忆法、情景联想法、关键词联想法、逻辑联想法等，这是**中国特色的实用记忆方法体系**。

运用定桩法（尤其是记忆宫殿）快速记住一大堆无规律数字或者整副扑克牌的时候，这对没有了解过记忆方法的人群来说，或许会觉得很神奇：这么多抽象枯燥的信息都能轻松记住，还能倒背如流，实在是太厉害了！

数字、扑克那些抽象的无规律信息，死记硬背根本是难以应付的，而记忆宫殿等方法却能轻松搞定，这就凸显了这些方法的神奇，造成了记忆方法无所不能的错觉。

然而事实上，面对有规律资料的时候，这些方法就不太适合了（除非是类似整本书那种大量资料需要精确记忆的情况）。因为无规律的记忆方法，是不考虑记忆资料之间的相互联系的，尤其是定桩法，因为已经有了固定顺序的记忆桩，只要把记忆资料分割成不同的小片段放到相应的记忆桩上就行（例如前面讲的《春江花月夜》）。这样一来，记忆资料之间的内在联系就断了，这对理解和运用是没有帮助的。

另外，如果运用地点桩来进行记忆，需要大量的地点。地点桩虽然理论上是无限的，但一般人很难去储备那么多地点。毕竟一篇课文，动不动就是几百字、上千字，一篇课文用几十个地点，100 篇课文就需要几千个地点，即使是顶尖的记忆大师，也不一定有这么多地点。

我们记忆的目的往往是为了促进理解，应该尽量用画图记忆、情景联想、逻辑联想等能促进作品整体记忆和整体理解的记忆方法，这些方法虽然看起来不神奇，但却是非常实用的记忆方法。

对于我们学习中常常遇到的有规律资料的记忆（实用型记忆），我们可以这样说：神奇的方法不实用，实用的方法不神奇。

· 图像记忆的运用：从看似无规律中找出规律

图像记忆法的运用，不是把本来有规律的资料当作无规律资料去记，恰恰相反，我们应当尽量从看似无规律之中找出规律来，通过规律来进行记忆，这样就能减轻记忆的负担，并促进深度理解。

有些资料，看起来好像是无规律的，但我们慢慢去想，其实可以发现其内在的规律。例如《谏逐客书》[1] 里的这句：

> 所以饰后宫、充下陈、娱心意、悦耳目者，必出于秦然后可，则是宛珠之簪、傅玑之珥、阿缟之衣、锦绣之饰不进于前，而随俗雅化、佳冶窈窕赵

---

1 钟基，李先银，王身钢译注. 古文观止 [M]. 北京：中华书局，2016.

女不立于侧也。

"宛珠之簪、傅玑之珥、阿缟之衣、锦绣之饰"这些内容，如果把它们看成是无规律词语的排列，用串联联想法或者简化法去记，当然也能记住，但那样需要我们努力去进行联想或者努力去编一句朗朗上口的话。

其实，我们只要展开想象，很容易发现这些内容是有规律的：

"簪"，发簪，是插在头发上的；"珥"，就是我们今天说的耳环之类的东西；"衣"，穿在身上的衣服；"饰"，身上的各种饰品。这几个东西其实是在人身上从上到下排列的：头发上、耳朵上、身上、衣服上。按照这样从上到下去想，就很容易记住了，不需要串联联想、也不需要简化。

又如《鬼谷子·忤合第六》[1]中的这句：

是以圣人居天地之间，立身、御世、施教、扬声、明名也，必因事物之会，观天时之宜，因知所

1　鬼谷子，陈默译注．鬼谷子——中华经典藏书 [M]．吉林：吉林美术出版社，2015．

多所少，以此先知之，与之转化。

"立身、御世、施教、扬声、明名"这 5 个词语的顺序，是需要记住的。如果把它们当作毫无关联的信息，把这些抽象词语先进行图像化，然后再串联联想，这个过程其实是挺麻烦、也挺痛苦的（当然，比起死记硬背还是要轻松一些）。但如果我们在理解的基础上，运用情景联想编故事的方法，就能轻松找出它们之间的内在规律。可以这样来联想：

小明大学毕业，学了一门专业技术（立身），然后进了一家公司，很快做到管理层（御世）。由于他所带领的团队业绩非常出色，集团公司就安排小明给其他管理人员进行经验分享（施教）。由于听众太多，会议室只能坐少部分人，而大部分人则通过广播来收听（扬声）。由于小明的分享非常精彩，他很快就成了整个集团公司的名人（明名），甚至其他公司也经常请小明去分享。

这个故事本身非常符合一个人在公司里脱颖而出的过程，符合职场发展规律。这样来联想，不仅容易记忆，而且对这句话的理解也加深了。

又如《中庸》[1]里的这句：

> 凡为天下国家有九经，曰：修身也，尊贤也，亲亲也，敬大臣也，体群臣也，子庶民也，来百工也，柔远人也，怀诸侯也。

治理天下国家的 9 条准则，如果没有找出它们的内在规律，死记硬背是很难顺利记下来的。串联联想法或简化法能记住，但需要费一番工夫。如果我们能好好展开想象，细致揣摩、理解，就能慢慢找到规律。

这里的 9 条准则，其实可以归纳为 3 个部分：

修身、尊贤、亲亲，可以归在家庭类。要提升自己的修养（修身），就需要向优秀的老师学习，要尊重老师（尊贤），然后就懂得怎样更好跟亲人相处（亲亲）。

敬大臣、体群臣、子庶民，可以归在管理类。要把公司做好，就要尊重专家团（敬大臣），同时要体恤管理层的辛苦工作（体群臣），还要像对待子女一样关爱员工的成长（子庶民）。

来百工、柔远人、怀诸侯，可以归在政策类。制定有竞争力的薪酬体系，让更多专业人才愿意加入公司

1　王国轩译注. 大学·中庸 [M]. 北京: 中华书局, 2016.

（来百工）；设计一些有吸引力的活动，促进客户与公司的感情（柔远人）；同时制定一些释放活力的政策，让各个分公司或者部门，能够有更大的自主权，能够更灵活地应对市场的变化（怀诸侯）。

像上面这些例子，我们在日常的学习中，会遇到很多。如果我们不在想象展开的过程中去慢慢体会，就不容易找出内在的规律，然后就很有可能当作无规律资料来进行记忆了。

因此，在运用记忆方法的时候，应当尽量从理解的角度上来进行想象和联想，看看能否找到潜在的规律，或者加深对规律的把握。从这个角度来看，图像记忆对促进我们的理解，其实有非常大的帮助。

中文资料的记忆

记忆万能公式，之所以说"万能"，是因为它可以运用到一切需要记忆的情况之中。任何需要记忆的资料，都可以运用记忆万能公式的 3 大步骤（或者前面两个步骤），把图像记忆的威力发挥出来，有效提升记忆效率。

我们日常所需要记忆的资料，通常可以分为 3 大类：中文资料、外语资料、数字资料。除了外语和数字，我们课本里的内容，基本上都是中文资料，无论是字词、课文、各个专业科目，甚至包括数理化等理科也少不了中文资料的记忆。

我前面已经讲了很多中文记忆的例子，接下来，我再从生字、课文、演讲稿等几个角度举例说明。

先来看生字的记忆。

·巧记生字：合体字拆分＋生字联想

汉字属于表意文字，尤其是基础的汉字，是非常有图像感的，例如"日、月、山、水、人、火、川"等等。

汉字大部分都是合体字，可以分为两个或两个以上的部分，例如"记、忆、脑"等等。

对于合体字的学习，传统的教学方法也注重把字拆开来进行记忆，例如"日月明""女子好""弓长张""古月胡"等。

然而从图像记忆的角度，把字拆开来还不够，还需要进一步联想。

例如"碧"这个字，传统的方法是：小王和小白坐在一块石头上。这是把"碧"字拆成"王、白、石"三个部分，但这三个部分跟"碧"字并没有关联起来。

运用图像记忆法，应该是这样来联想：小王和小白坐在一块碧绿的石头上。这样，"王、白、石"跟"碧"字就能紧密联结起来了。

一个生字，把它拆开之后，都是熟悉的部分，然后我们把这些熟悉的部分跟原来的生字进行联想，这样一来，很多生字都可以轻松记忆。例如：

碉：碉堡的四周，都是用石头围起来的。

趣：多走几步，自己去取快递，还是挺有趣的。

镜：这个镜子竟然是用黄金做的。

烬：大火尽情地燃烧，把所有东西都烧成了灰烬。

潜：我怕水，一会儿潜水练习的时候你能不能替我去？

箭：前面有一堆草，看看你的箭能不能射过去？

衷：言不由衷，是指某个人说的话不是从衣服中心的部位（内心）发出的。

妒：那个女孩一毕业就有了北京户口，真让人嫉妒。

颓：一个简单的"禾"字竟然需要重复抄写几页，这样的作业真令人颓丧。

惫：为了高考，我们整整准备了十二年，真让人身心疲惫。

绑：你这里有绳子帮我把这个箱子绑起来吗？

牡：有一头牛在吃土，我走近一看，原来是在吃泥土里的牡丹花的花瓣。

有些汉字，不一定容易拆分为几个熟悉的部分，也可以考虑用熟悉的近似汉字进行联想，这也是运用了以熟悉记陌生（简称"以熟记生"）的记忆原理。例如（前面是生字，后面是熟悉的近似字）：

轿－桥：一辆轿车开上了桥。

猎－借：能不能把你的狗借给我去打猎？

栈－钱：这个客栈很特别，不收钱，只收木头。

硫－流：硫酸在石头上流淌，把石头也腐蚀了。

暇－假：真正令人觉得闲暇的日子是暑假。

·巧背课文：通过联想把图像串联起来

在实用记忆的领域，最常见的，应该是课文记忆了。

课文，包括古诗词、现代诗、现代文、古文等语文的内容，同样也包括各种学科，例如政治、历史、地理、医学、法律、财会、金融等，还包括演讲稿、经典著作等等。

只要是一段一段的文字（包括整篇的文章、小段的文字、一个或几个段落等），都可以纳入课文的范畴，它们的记忆方法都是差不多的。第一步就是想象，把文字变成图像。接下来，就是看看用哪种具体的联想方法把这些图像联想起来。

用于背课文的联想记忆方法，主要是画图、情景联想、关键词联想、逻辑联想、定桩法等。

方法这么多，运用的原则是什么呢？

可以把握一个核心的原则：无论什么样的课文，无论长短、难易，无论是现代文还是古文，首先可以尝试

用情景联想法。因为情景联想法是最核心的方法，把文字变成故事，是非常符合大脑吸收方式的。

在情景联想法的基础上，我们再来进行灵活变通。

如果你是初学者，想象的习惯还没养成，遇到短文（例如不长的诗词、现代文、古文）就尽量多用画图记忆法。画完图还不能记住，就加上情景联想。

如果遇到长文（例如现代诗、较长的文章），情景联想法用起来可能有点麻烦，需要编的故事显得太长，不是很容易记忆。这个时候就可以考虑用关键词联想法，找出适当的提示关键词，通过这些关键词把文章的各个部分记住。

如果遇到逻辑性比较强的课文，就尽量用逻辑联想法，找出逻辑关键词，通过理清文章的逻辑来进行记忆。这样就能同时运用右脑的图像记忆和左脑的逻辑记忆，更有利于长久记忆，也更有利于加深理解。

如果遇到更长的文章，关键词联想也不好用了，而且逻辑性也不是非常强。这种情况下，可以适当选用定桩法（数字桩、地点桩等）。如果这样的文章比较多，数字桩是容易混淆的，就只能用地点桩了。

很多时候，一篇课文，好几种方法都可以用，这个时候可以根据自己的喜好，选择其中一种方法来进行记忆。也可以几种方法都用，从不同的角度来多记几遍，加深印象。

例如北宋著名词人柳永的名篇：

《望海潮·东南形胜》[1]

东南形胜，三吴都会，钱塘自古繁华。烟柳画桥，风帘翠幕，参差十万人家。云树绕堤沙，怒涛卷霜雪，天堑无涯。市列珠玑，户盈罗绮，竞豪奢。

重湖叠巘清嘉，有三秋桂子，十里荷花。羌管弄晴，菱歌泛夜，嬉嬉钓叟莲娃。千骑拥高牙，乘醉听箫鼓，吟赏烟霞。异日图将好景，归去凤池夸。

《望海潮·东南形胜》主要描写了杭州的富庶与美丽，有钱塘江和西湖的自然风光描写，也有繁华而美好的都市生活描写。

完整的课文记忆流程，需要处理"字、词、句、篇"这 4 个环节的记忆。

字，是指有些字记不住。例如"菱歌泛夜"，对有些人来说，"菱"、"泛"可能不好记，有可能会记

---

1 《中华经典必读》编委会．中华最美古诗词 [M]．北京：中国纺织出版社，2012.

成"唱歌之夜"，那怎么办？对于容易记错的地方，我们要做的，就是加强想象，"菱歌"可以想象成农夫边采菱角边唱歌，要把菱角的画面想出来。"泛"指的是泛舟，如果实在不好想，可以适当用一下谐音法，把"泛"谐音为"饭"，可以想象采菱之后回家做饭、吃夜宵。

词，是指有些词记不住。例如"市列珠玑"，其中"珠玑"可能容易记成"玑珠"；或者"重湖叠巘清嘉"，其中"清嘉"总是回忆成"美丽"。这些情况怎么处理？做法无非也是加强想象和联想。例如"珠玑"可以联想到"猪肚鸡"，"猪"在前、"鸡"在后，那就不会错了。"清嘉"可以谐音为"请假"，那么美丽的景色，请假也要去观赏。

句，是指整句话回忆不流畅。例如"异日图将好景，归去凤池夸"，脑海中能想象到改天把这些美丽的景色，回到朝廷之后向大家夸耀一番。但相应句子的文字就是不能流畅回忆出来，那怎么办？做法就是加强字、词的想象和联想，然后把这句话里所有的字、词串起来。例如"异日"想不起来，就进行强化想象，可以想到在一个特别奇怪的日子；"图"想不起来，就想象把一幅图画带过去；"凤池"想不起来，就想象朝廷那里有个池塘，里面养着凤凰。这样一点一点地进行想象、联想，直到整句话都非常流畅地回忆出来为止。

篇，就是把整篇文章，从第一句到最后一句流畅地回忆起来。"篇"的流畅回忆，是建立在前面"字、词、句"流畅回忆的基础上的。每一句都读得很顺口了，但是整篇的回忆就总是在某些地方卡住，这就是"记忆万能公式"中联想记忆法灵活运用的时候了。我们常常说"背课文"，主要就是指"字、词、句"都熟练的情况下，怎样把课文从前到后紧密地联系起来，让我们能流畅地回忆。

《望海潮·东南形胜》这篇课文，不是特别长，可以运用情景联想法，通过故事把两段文字的几个场景联起来（这个留给大家进行练习）。也可以按照一个个场景，用画图记忆法，把图画出来：

如果觉得画图和编故事麻烦，也可以用关键词联想法，在充分想象、理解、熟悉的基础上，找出各个部分的提示词。每句找出一个提示词，共8个关键词：

繁华、人家、堤、豪奢；湖、歌、千骑、夸。

然后把这些关键词通过串联联想法记住，例如可以这样联想：

杭州十分繁华，有十万户人家，家家户户在钱

图 5-3 《望海潮·东南形胜》场景的画图记忆法示意

塘江的**堤岸**旁都拥有江景别墅，他们的生活十分**豪华奢侈**。闲暇的时候，他们喜欢到**西湖**游玩，在湖边唱歌跳舞，湖边还有**一千匹马**供大家乘坐游玩，他们喜欢向外地人**夸赞**自己悠闲的生活。

把关键词都记住了，然后通过这些关键词把每一句都顺利回忆出来，这样，整篇课文就能轻松记住了。如果只能回忆出关键词而不能顺利回忆原文的话，说明对原文还不够熟悉，需要进一步通过想象、联想的方式熟悉原文的各个句子。

《望海潮·东南形胜》这篇作品，其实是有非常强的表达逻辑的，我们也可以运用**逻辑联想法**，找出逻辑关键词，画成思维导图，通过逻辑来进行记忆：

对于一篇课文，可以根据情况选择其中一种合适的方法，也可以几种方法同时使用。例如，我们可以先画图，形成稳定的图像；然后再进行情景联想，构思生动的故事；感觉还没有记牢，那就再加上关键词联想法；最后还想理清课文的表达逻辑，那就再运用逻辑联想法。这样几种方法轮番用下来，整篇课文，无论是理解还是记忆，都能做到滚瓜烂熟了。

柳永的这篇《望海潮·东南形胜》，形式上属于宋

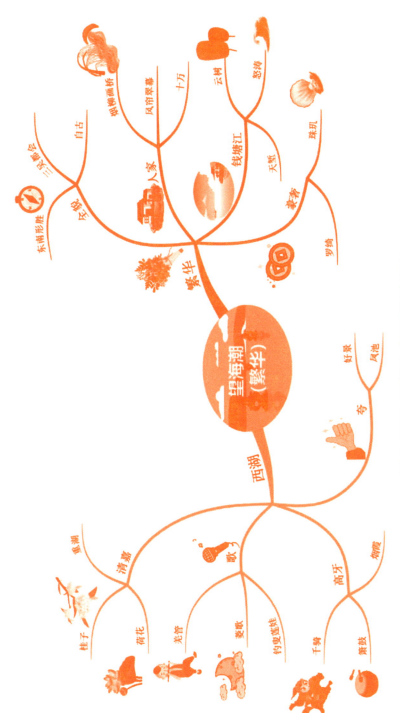

图 5-4 《望海潮·东南形胜》逻辑关键词的思维导图

词，但从字数上，跟长一点的古诗（例如陶渊明的《归园田居》）以及不太长的现代文段落差不多；从难度上，跟短篇古文也有得一比，甚至理解起来比某些古文更难。因此，通过《望海潮·东南形胜》这个例子，我们对于各种形式的课文，应该运用什么方法来进行记忆，也会有所启发。

古文也好，专业的科目也好（例如医学、政治等），只要是一段一段的文字，先通过理解、想象（必要的时候运用一点谐音法），把图像想出来，接下来联想的方法，跟诗词课文其实是一样的。古文和专业科目，相比普通课文而言，只是在理解上可能会难一些，那就需要在"想象"的步骤上、在"字、词、句"等环节上多花一些工夫，把整篇文章的图像想清楚，接下来就是根据文章的内容选择具体的联想方法了。

·巧记演讲稿：5 大联想记忆法的应用

对于经常需要上台讲话的人来说，如何把演讲稿流畅地背下来，往往是一件令人头疼的事情。

演讲稿的记忆方法，其实跟课文的记忆方法是一样的。在这里，我以丘吉尔在敦刻尔克撤退之后发表的演讲（节选）为例，再给大家一些参考。

丘吉尔演讲（节选）[1]

这次战役尽管我们失利，但我们决不投降，决不屈服，我们将**战斗**到底，我们将在法国战斗，我们将在海洋上战斗，我们将充满信心在空中战斗！我们将不惜任何代价保卫本土，我们将在海滩上战斗！在敌人登陆地点作战！在田野和街头**作战**！在山区作战！我们任何时候都不会投降。即使我们这个岛屿或这个岛屿的大部分被敌人占领，并陷于饥饿之中，我们有英国舰队武装和保护的海外帝国也将**继续战斗**。

这次战役**我军**死伤战士达 3 万人，损失大炮近千门，海峡两岸的港口也都落入希特勒手中，德国将向我国或法国发动新的攻势，已成为既定的事实。法兰西和比利时境内的战争，已成为千古憾事。**法军**的势力被削弱，**比利时**的军队被歼灭，相比较而言，我军的实力较为强大。现在已经是检验英德空军实力的时候到了！

撤退回国的士兵都认为，我们的**空军**未能发挥应有的作用，但是，要知道我们已经出动了所有的飞机，用尽了所有的飞行员，以寡敌众，绝非这一

1　李琦编著 . 影响世界的声音 [M] . 北京：中国纺织出版社，2019.

次！在今后的时间内，我们可能还会遭受更严重的**损失**，曾经让我们深信不疑的防线，大部分被突破，很多有价值的工矿都已经被敌人占领。从今以后，我们要做好充分准备，准备承受更严重的**困难**。

对于**防御性战争**，决不能认为已经定局！我们必须重建远征军，我们必须加强国防，必须减少国内的防卫兵力，增加海外的打击力量。在这次大战中，法兰西和不列颠将联合一起，**决不**屈服，决不投降！

如果是记别人的演讲稿，那么，少不了需要先进行想象、理解，在大脑中形成生动丰富的画面。如果是记自己的演讲稿，写作的过程其实已经有了充分的想象，那么"想象"的这个步骤就可以略去，直接进入"联想"的环节。

联想记忆的方法，主要是这几个：画图记忆、情景联想、关键词联想、逻辑联想、定桩。

演讲稿通常比较长，通篇进行画图有点难度，但可以考虑每段选取一些重点，把重点画出来，对记忆也非常有帮助。

情景联想，主要是前后句子之间的联想。现代文篇幅较长，句子与句子之间的逻辑通常能充分展开，因此大部分的联想都不难，只需要在某些逻辑不太强的地方加强联想就行。

虽然大部分演讲稿的逻辑性都是挺强的，但毕竟文字太长、句子太多，要按逻辑把这些句子从前到后联系起来，也挺困难。因此，对于长篇演讲稿，最常用的记忆方法，就是关键词联想法。

我已经在前面的文章中，给每段找了几个提示关键词（虽然基本上都是很重要的关键词，但不一定是最重要的逻辑关键词），只要把这些关键词联想起来，然后根据关键词的提示，基本上就能把每一段文字记住。

第一段：战斗—作战—继续战斗

联想：我们将战斗到底，在各个地方作战，无论如何都要继续战斗！

第二段：我军—法军—比利时军队

联想：我军伤亡很大，法军被削弱，比利时军被歼灭。

第三段：空军—损失—困难

联想：我们的空军抵挡不住敌人，以后还会有更严重的损失，还会遇到更严重的困难。

第四段：防御性战争—必须—决不

联想：这是一场防御性战争，我们必须加强防御，决不投降！

通过上面的联想，我们把每一段的几个关键词都记住了（如果一遍没记住，可以多想两三遍）。通过这些关键词，基本上也能把每一段的文字回忆起来（如果有回忆不起来的地方，可以适当加强联想，或者多找一两个关键词）。

接下来要做的，就是把4段的内容按从上到下的顺序记住。每一段找一个关键词（尽量找第一个关键词）串起来，然后再进行联想。

4段的关键词：战斗—我军—空军—防御性战争

联想：我们将**战斗**到底！虽然**我军**受到很大损失，我们的空军也抵挡不住敌人，但这是一场**防御性战争**，我们只要做好防御就能坚持到胜利！

通过这个联想，每段的提示词都按顺序记住了，至少每段一开头要讲什么，我们能够轻松想起来。整篇演讲稿的总体框架就记住了。然后通过每段的第一个关键词，把其他关键词回忆起来，那么，每段的大致内容，就能记住了。

关键词联想法的运用，让我们把那些具有较强提示作用的关键词记住，那么，我们就可以按照这些关键词进行原文复述。第一遍复述可能会漏掉一些词语甚至一些句子，然后我们把漏掉的部分找出来，加强一下想象和联想，接着进行第二遍复述。第二遍可能还会漏掉一些内容，再进行针对性的想象和联想，接着再来第三遍。

这样进行几遍，相信就能把整篇演讲稿从头到尾背下来！

对于逻辑比较明显的演讲稿，除了关键词联想法，还可以运用思维导图。通过思维导图，把演讲稿的表达逻辑整理得更清楚，按照整体逻辑、每段逻辑来进行记忆，也是很常用的方法。

当然，还可以运用定桩法（主要是记忆宫殿）。例如前面找的那些关键词，总共 12 个，每个地点放一个关键词，只需要找 12 个地点（可以分为四组地点，每组三个），就能把这些关键词轻松记住。按照地点桩的顺序进行回忆，关键词甚至相关内容的图像，都会轻松从大脑里浮现出来。事实上，记忆宫殿在西方兴起的时候，主要用于帮助记忆演讲稿。到今天，我们仍然可以运用记忆宫殿，来帮助我们快速记忆演讲的重点。如果有兴趣，不妨试一下。

进行演讲，毕竟不是背诵经典课文，不一定要完全做到一字不漏。只要把主要内容以及顺序记住，有些地方适当进行现场发挥和调整，也是可以的。因此，演讲稿的记忆，重点在于记住那些提示关键词，能把主要内容以及它们的顺序记住就行。

中华经典的记忆

中华经典，包括经典的诗词、古文以及儒释道的各种经典，记忆的方法也无非是"记忆万能公式"里的各种联想记忆方法，前面也已经举了各种例子。这里更强调的是整本书的记忆，比前面提到的"字、词、句、篇"的记忆，多了整本书的记忆要求，变成了"字、词、句、篇、书"的记忆。另外，诗词、古文的例子，前面也讲了很多，本节主要讲的是儒释道等国学经典的例子。

其实，对于记忆方法的应用，在实用方面，除了应付考试，主要就是用于中华经典的记忆，尤其是整本经典的记忆。

· 为什么要记经典——
正确的理解，更多的领悟，调整自己的身心行为

为什么要记经典？因为经典里有关于宇宙、关于人类社会、关于个人发展、关于幸福生活、关于国家治理、关于企业管理等等的无穷智慧，值得我们深入学习。

尤其是在当今，中国的国力不断上升。近几十年来，中国在科技、教育、资金、人才等方面取得了举世瞩目的成就，制度和文化起到很大作用。而制度的背后，其实也是文化！

因此可能过不了多久，全世界都要来研究中国发展的秘密，都要来研究中国独有的文化，都要来研究中华经典里所蕴含的种种智慧！

中华文化与西方文化的内在区别，是中华文化对宇宙根本规律、人生根本规律的探寻，也就是对"大道"根本规律的探寻。这种探寻不是理论的，而是实证的，是像寻宝那样的寻找而不是脱离实际的思考。西方文化则很少研究这种最根本的规律，而更偏向于研究物质世界的规律，而且研究的方法是先通过思考提出各种各样的理论和猜想，然后再去验证。西方对于物质世界的兴趣让科学技术在西方得以率先发展起来。中华文化关注

246

人本身、关注内在，西方文化关注物质世界、关注外在。中华文化向内，西方文化向外，这是世界文明的自然分工。

中华文化是已经知道有那么一种宇宙大道的存在，这个大道不仅存在于宇宙万物中，同时也存在于我们的身体内，是每个人都可以体验和把握的。我们要做的就是通过修心、修身，让大道的力量显现出来。这就是《大学》里提倡的做学问的根本方向："大学之道，在明明德，在新民，在止于至善。"

通过自身的修行（调整自己的身、心、行为），让被掩盖的大道在自己身上重新得以显现出来（明明德），同时帮助大家一起成长（新民），让自己、让身边的人、让整个社会共同往至善的境界努力（止于至善）。

中华文化对大道的探寻，就像吃苹果，每个人吃都是同一种味道，先吃到的人把这种味道说出来，没吃到的人也很难体会，只能等吃到之后才能印证前人所说是对的。先尝到味道的人希望指引其他人去品尝那种味道，这里只有描述、只有实证，而没有猜想、没有演绎。正如孔子所说的："述而不作，信而好古。"

因此中华文化讲究的是对真理的传承，这种传承不是像西方对宗教那种盲目的相信，而是要通过修心、修身，不断从自身去验证。儒、释、道的学问都是对大道的传承，只是每家所讲的侧重点不一样而已。

中华文化是对宇宙真理的探寻，我尝到了真理的味道，建议你也品尝一下，你要是不愿意那就算了，不会勉强你。中华文化这种包容性，可以允许各种宗教、各种理论和平共存，而不是强迫他人接受自己的想法。这正是中国和平崛起的核心。

在中华文化看来，"天下为公"并不是像西方哲学那样由某个人设想出来的一个理论，而是大道运行的自然表现。"大道之行也，天下为公，选贤与能，讲信修睦"，中华文化提倡通过自身修炼不断成长，贤者在位，能者在职，让大道得以流行，让世界获得大同。

西方文化缺乏对大道规律的探寻，缺乏对个人修心、修身的系统方法指引，剩下的往往是对个人利益的狂热追逐。世界发展的规律并不复杂，"道二，仁与不仁而已矣"，不往"天下为公"的方向走，自然就会走向"人人为私"。

近年来，西方国家普遍陷入两党利益相争的内耗中无法自拔，国家实力不断下滑，而复制西方模式的许多发展中国家更是政治动乱、经济倒退。在这种大环境下，中国数十年的稳定发展，正越来越多地吸引全世界的目光。中国经济繁荣的秘密，中国独有的治理模式，中国和平崛起的理念，以及这背后所蕴藏的中华优秀传统文化，都会成为世界关注的焦点。

作为中国人，比起其他国家的人，有得天独厚的优势，可以接触、领悟、研究中华文化。而研究中华文化、领悟中华智慧，其中一个很好的方式，就是把中华经典背下来。

或许有人会说：能理解不就行了吗？为什么还要背下来？

中华经典、中华智慧，值得每个人一辈子学习，然而，只有极少数对中华经典真正有兴趣的人，才会经常主动进行学习。如果仅仅以理解为目标，那么很多人可能咬牙把几本经典看完，就觉得完成任务了，并没有养成反复阅读、深入理解的习惯。

只看一遍，甚至只看十遍八遍，很难对经典的内容进行深入的理解和吸收。而反复去看，一般人也没有这样的动力。如果我们能以把整本经典背下来为目标，为了完成这个目标，就会逼着自己反复理解、反复记忆，这个过程中对经典的熟悉程度无疑就加深了许多。

我们可以设想一下，一个人把经典从前到后看完几遍，就把经典放在一边了；而另一个人每天在群里打卡，发一下经典学习心得。哪个人的学习效果会更好？当然是后面那个人。但即使是每天发学习心得的人，当他把经典的每个小段的心得都发完了之后，回头一想，其实经典里的很多内容也忘得差不多了。而另外一个人，通过努力，把整本经典，在充分理解的基础上，完全背下来了，随便抽背哪个小段，都能对答如流。这样比较，谁更用心学习经典？很有可能是最后那个人。

当然，对经典的学习，更关键的是理解是否正确，是否有更多的领悟，是否能帮助我们调整自己的身心行为，而不在于是否能一字不漏地背下来。但是，在同样理解的基础上，一个人学完就完了，另一个人却进一步把经典背下来，谁更用功？谁对经典有更多的思考？很有可能是后者。

图像记忆的方法，是建立在理解基础上的记忆，为了要更有效地进行记忆，我们就需要更深入地进行理解。因此，我们提倡把经典背下来，就是为了促进对经典的理解和吸收。而且，我们把经典的字句深深印在脑中，当在日常生活和工作中遇到一些问题的时候，能更容易地把经典的字句调出来进行印证和领悟，这对于经典的学习会有很大的帮助。

在缺乏系统记忆方法的时候，当然很难把整本书背下来。但现在我们有了科学的图像记忆方法体系，把一本书背下来并不难。在深入理解、充分熟悉的基础上，顺便把整本经典背下来，通过记忆促进理解，通过理解强化记忆，相得益彰，何乐不为呢？

更何况，把经典背下来，其实是训练大脑的最好方式。在进行经典记忆的过程中，我们的大脑得到了更好的锻炼，我们的图像记忆能力、我们的逻辑思考能力，都有了不断的提升。然后我们再把更强大的大脑运用到学习中、工作中、生活中，给我们的人生带来更大的帮助。这正是：训练大脑，受益终生！

· 经典记忆需解决字、词、句、篇、书的问题

整本经典的记忆，要解决"字、词、句、篇、书"这几个环节的问题。

字、词、句、篇的记忆，前面也举了很多例子。国学经典相比于诗词、古文，在字、词、句的理解上，往往需要多费工夫。一方面需要加强想象、理解，另一方面则需要多在生活实践中去领悟。有些不太容易领悟的，例如《道德经》《金刚经》《易经》等，也可以在粗略理解的基础上先记下来，留待日后有机会再慢慢加深领悟。

选择记忆的经典时，可以考虑从字数少、理解容易的开始。尤其在记忆国学经典之前，可以多记一些诗词、古文，诗词、古文的积累差不多了，对于古文的文字和语法都比较熟悉了，再进入国学经典的记忆，就会容易一些。

下面，我们从"字、词、句、篇、书"的角度，各举一些记忆的例子，供大家参考。

经典里经常会出现一些我们非常陌生的字词，例如《周易》里六十四卦的卦名，初学者要全部记住也不太容易。

《卦序歌》[1]
〔宋〕朱熹

乾坤屯蒙需讼师，比小畜兮履泰否，

同人大有谦豫随，蛊临观兮噬嗑贲，

剥复无妄大畜颐，大过坎离三十备。

咸恒遁兮及大壮，晋与明夷家人睽，

蹇解损益夬姤萃，升困井革鼎震继，

艮渐归妹丰旅巽，兑涣节兮中孚至，

小过既济兼未济，是为下经三十四。

这是朱熹编的《卦序歌》，能帮助我们更好地记忆六十四卦的顺序。但首先遇到的问题是其中有些不熟悉的字

---

1 黄寿祺，张善文译注 . 周易译注 [M]. 上海：上海古籍出版社，2010.

词，需要先记住，例如"噬嗑""贲""蹇""夬""姤"等。

噬嗑（shì hé）：含义为"咀嚼"，谐音为"适合"。联想：你咀嚼的声音太大，好像不太适合西餐厅那种安静的氛围。

贲（bì）：含义为"装饰"，谐音为"壁"，近似词为"愤"。联想：你把我墙壁上的装饰都拆掉了，这令我很愤怒。

蹇（jiǎn）：含义为"不顺利"，谐音为"剪"，上下拆分为"塞、足"。联想：那只小狗今天真不顺利，它的右前足塞到了岩石缝里拔不出来了，看来只能用剪刀来帮忙了。

夬（guài）：含义为"果断"，谐音为"怪"，近似词为"决"。联想：我果断地跟他决裂了，他为此责怪了我一辈子。

姤（gòu）：含义为"相遇"，谐音为"够"，近似词为"逅"。联想：我跟那位王后相遇了，这真是一场完美的邂逅，可是王后却觉得我们见一次面就够了。

其实对于经典来说，是需要反复阅读、反复熟悉的，在这个过程中，即使不用什么记忆方法，那些陌生的字词经过多次的重复，也是能记住的。但运用记忆方法，能让我们更快地记住，而且不容易忘记。

字词熟悉了，就开始句子的记忆。《卦序歌》朗朗上口，死记硬背读个几十遍、几百遍应该也能记下来。但如果灵活运用图像记忆的方法，就能让我们提升记忆的效率。

图像记忆的运用，首先要有图像。而图像的产生，一种方式是按照文字的含义去想图像，另一种方式是用谐音法。

有些人喜欢用谐音法，例如"剥复无妄大畜颐"这句，谐音为"伯父勿忘大蜥蜴"（伯父，你下次不要忘记给我买一只大蜥蜴）。这样想图像相对容易一些。

但是，我们建议少用谐音法，而尽量按照文字的含义去想图像。例如同样是"剥复无妄大畜颐"这句，我们可以根据这里"剥""复""无妄""大畜""颐"这五卦的含义，组织一个场景来展开想象。

例如可以这样想象：

我家那棵果树，我把树皮剥掉之后，很快又重新长出来了，如此重复了几次，我终于意识到那是棵神奇的树，以后再也不能做这样胆大妄为的事情了（无妄）。我要好好照顾它，等它结出很多果子，我用一个大箱子把这些果子蓄积起来（大畜），就可以让我颐养天年了。

　　根据经典的含义去想图像，确实不太容易，需要慢慢去理解，慢慢去想象，这比谐音法难一些。但这对加深经文的理解，是非常有帮助的，每多一遍记忆就能多一遍理解。毕竟经典记忆的目的，不是记下来就完了，而是为了促进理解。

　　当然，如果按照含义产生的图像也不太好记，那么在理解的基础上，再运用谐音法巩固一下，也是可以的。

　　经典里有不少难记的句子，例如《道德经》第八章[1]里的这句：

　　　　居善地，心善渊，与善仁，言善信，政善治，事善能，动善时。

　　这句里包含 7 个小分句，其内在逻辑不那么明显，怎样记下来？

　　首先，每个小句要进行理解记忆：

　　"居善地"，要居住在合适的地方；"心善渊"，内心要像深渊那样能包容；"与善仁"，与人交往要以仁爱为本……

1　饶尚宽译注. 老子 [M]. 北京: 中华书局，2006.

每个小句都能理解和记忆了，接下来，就是把七个小句放在一起联想。这个时候可以考虑用简化法。

"居、心、与、言、政、事、动"，这七个字，可以谐音为一句话：

"居心、语言、正式动"，联想：你是何居心？竟然说出这样的语言，还想正式动手？

有了这句话的提示，把七个小句按顺序回忆出来，就不是难事了。

《孙子兵法·九地篇第十一》[1] 里也有类似的一句：

> 是故散地则无战，轻地则无止，争地则无攻，交地则无绝，衢地则合交，重地则掠，圮地则行，围地则谋，死地则战。

这里讲了九种不同的战略地形，以及相应的应对措施。记忆方法也是先理解，把每种地形和对应的措施，通过理解记住，然后再来记忆 9 种地形的顺序。

九种地形的顺序，同样也可以运用简化记忆法，把

1　孙武，刘智译注. 孙子兵法——中华经典藏书 [M]. 吉林：吉林美术出版社，2015.

"散、轻、争、交、衢、重、圮、围、死"这几个字，通过谐音，组成一句容易联想的话：

"伞轻争交，举重气味死"，联想：我的伞看起来很轻，小伙伴们争着跟我交换，其实把它举起来的时候特别重，而且气味难闻死了。

· 整本经典倒背如流：定桩法的示范

一本经典，无非是由许多篇（或许多段）文字所组成。例如《道德经》共81篇，《论语》共20篇、512段，《孟子》14篇、260段，《孙子兵法》13篇、78段。在记忆的时候，先把每一篇（每一段）进行熟练记忆，然后再通过定桩把所有的篇（段）按顺序记住。

把"字、词、句"的记忆问题解决了，接下来就到整篇（段）的记忆了。经典记忆最难的地方，是一段文字，虽然看起来每一句都能明白，但却不太能弄明白整段的表达逻辑，逻辑记忆很难用起来。句子与句子之间的联想不是很顺利，想起了第一句，不一定能想起第二句。

整篇文字的记忆方法，也就是背课文的方法。一篇经典，就相当于一篇课文，记忆方法无非是画图、情景联想、关键词联想、逻辑联想，偶尔用一下定桩。只是经典的理解难度往往会大一些，需要在理解上多花时间精力。句子与句子之间、段落与段落之间的逻辑关系，需要多花时间去领悟，能够把经典的内在表达逻辑理清楚，是最好的记忆方法。

逻辑用不了的地方，短的篇章，可以用画图（针对那些容易理解、不太抽象的篇章）或者情景联想；长的篇章，可以用情景联想或者关键词联想；如果实在太长，那就灵活用一下地点桩。

在经典的记忆中，定桩法的运用，主要是在记整本书的时候，每一篇（段）进行定桩（例如《道德经》81章，用 81 个桩）。而篇内，则尽量少用定桩法。

为什么篇内尽量少用定桩法呢？因为每一篇都是有逻辑的，定桩法把内在逻辑割裂了，因此除非不得已，尽量少用。另外，整本书运用定桩的时候，篇内也用桩的难度会比较大，地点桩找起来有点复杂。

整本经典倒背如流，例如《道德经》《金刚经》《孙子兵法》等，需要用到定桩法，其中主要是地点桩。

《道德经》81 篇，可以用 81 个数字桩（也可以用81 个地点桩），每篇开头的关键词跟相应的数字编码进行定桩就行。例如第 27 章[1]：

1　饶尚宽译注 . 老子 [M]. 北京：中华书局，2006.

　　善行，无辙迹；善言，无瑕谪；善数，不用筹策；善闭，无关楗而不可开；善结，无绳约而不可解。

　　是以圣人常善救人，故无弃人；常善救物，故无弃物。是谓"袭明"。

　　故善人者，不善人之师；不善人者，善人之资。不贵其师，不爱其资，虽智大迷，是谓"要妙"。

27 的编码是"耳机"，可以这样联想：

　　他戴着耳机听音乐，听得飘飘然，走路的时候都没有留下痕迹。

或者：

　　有个人戴着耳机，拿着扇子，在行走。

图 5-5 《道德经》第 27 章编码与提示关键词的示意

数字桩只有一套，像《三十六计》《琵琶行》《长恨歌》《弟子规》《道德经》《易经》六十四卦等都用了数字桩，用得太多容易产生记忆混淆，因此其他经典的记忆基本上用的是地点桩。地点桩的使用数量如下：

《金刚经》　　32 个

《孙子兵法》　78 个

《孝经》　　　18 个

《忠经》　　　18 个

《大学》　　　20 个

《中庸》　　　33 个

《论语》　　　512 个

《孟子》　　　260 个

地点桩的寻找，基本上是一组一组进行的，每组地点桩的数量，可以根据具体经典的情况进行设定。

例如《金刚经》共 32 品，后面 16 品基本上是前面 16 品的换角度重复，而其中基本上每 4 品是一组小单元。因此找地点的时候，就可以按每 4 个地点作为一组来进行，总共找 8 组地点。

《孙子兵法》共 13 篇，这 13 篇篇名的顺序，可以用串联联想或简化法来进行记忆。然后根据每一篇的段落数来找地点。例如"计篇第一"共 6 段，可以找 6 个地点;"作战篇第二"共 8 段,可以找 8 个地点;"谋攻篇第三"共 8 段,可以找 8 个地点……

《论语》共 20 篇,这 20 篇篇名的顺序,可以用灵活的方法记忆,也可以另外找 20 个地点来进行记忆。每篇有数量不等的段落,20 篇共有 512 个段落,总共需要 512 个地点。例如"学而第一"需要 16 个地点,"为政第二"需要 24 个地点,"八佾第三"需要 26 个地点。

《孟子》篇数不多,分为 7 篇,每篇再分为上下两篇,总共 14 篇。总的段落数共 260 个,比《论语》要少一些。但《孟子》的总字数是《论语》的两倍多,因为《孟子》里有些很长的段落,主要是对话,你一言我一语地对答,一个段落里就包含了很多个小段。

这样一种长的段落,通常也只是用一个地点桩记住开头的关键词,至于整个段落,无论多长,基本上都不另外再用地点桩了。这就相当于用一个地点,要记住一部长篇的古文,整篇的文字通常只能运用逻辑联想法或关键词联想法来进行。

有时候,一个段落里面,文字内容很多,分成的小段却不是太多(例如分为 5 个小段、7 个小段)的情况下,可以在一个地点桩之内,进行灵活的定桩。

例如有个地点桩是汽车,这个桩用来记一个大的段落,但这个段落里有 5 个小段,那么,就可以把汽车中的 5 个部位来分别定桩。例如第一个部位是车头灯，第二个部位是挡风玻璃，第三个部位是方向盘，第四个部位是后座，第五个部位是车尾箱。

又如有个地点是柜子，需要记的段落里有 4 个小段落，而且这 4 个小段落用其他方法不好联想，那也可以从柜子里找出 4 个部位进行定桩。例如第一个部位是柜子的顶部，第二个部位是柜子里面的横板，第三个部位是柜子的把手，第四个部位是柜子的右侧板下方。

通过运用地点桩，把整本书的各个篇章段落的顺序都记住之后，就可以进行整本书的抽背了，随便问第几章、第几段，看看是否能做到脱口而出。可以从第一章背到最后一章，也可以从最后一章背到第一章。我们说整本书的倒背如流，不是从最后一个字背到第一个字（把句子倒着来背没有什么意义），而是从最后一章（段），背到第一章（段）。

定桩记忆的好处，不仅仅是能够用来进行记忆表演，更重要的是，能够让自己清楚地知道，哪些地方没有背下来，哪些地方容易错漏，可以有针对性地进行复习。另外，有了定桩法，我们就能够脱离书本，随时随地进行复习，这样就可以充分利用各种零散的时间进行学习，而不是非要坐在书桌前，非要有一本书在手上的时候才能学习。

定桩法对于提升学习效率、记忆效率，是特别有帮助的。当我们拿着一本书，从前往后看或者往后记的时候，很容易就会死记硬背，很容易就会分心，往往已经看完一章了，却好像一点印象都没有。但是如果运用定桩法，无论是记忆还是复习，只要想到地点桩，脑海中就会有图像，这个时候就是在运用图像记忆，而且能够确保注意力不容易涣散。

尤其是闭上眼睛复习的时候，按照脑海中的地点（或数字编码）去进行回忆，图像记忆自然就用出来了。

记忆经典，可以按照从易到难的顺序，从容易理解的、字数少的经典开始，然后慢慢再过渡到难理解的、字数多的经典。

经典的古诗词，可以先记两三百首。经典的古文，可以记50篇、100篇。有了这些基础，再来进入国学经典的记忆。国学经典里，可以先记那些字数少、容易记的，例如《心经》《清静经》《大学》《中庸》《孝经》《忠经》等两三千字以内的。接下来可以记《道德经》《金刚经》《孙子兵法》等5000字左右的经典。这些都记熟练了，就可以挑战万字以上的《论语》《孟子》。然后是《鬼谷子》《易经》《诗经》《庄子》这些难理解的。

　　有了这些记忆基础，基本上儒释道的任何一部经典，只要感兴趣，都可以做到整本书倒背如流了。然而国学经典浩如烟海，不可能每本都记下来，可以按照自己的兴趣挑选一部分来进行记忆。

　　人的一辈子可以记忆多少部经典呢？这个有趣的问题要留待大家来挑战了。不过记忆经典本身不是目的，通过经典记忆的训练来促进大脑学习能力的不断提升，促进对中华经典的学习和理解，促进对中华智慧的领悟与传承，这才是重点。

关于科学记忆法的 12 问

· 1. 学完记忆方法就能提升记忆力吗？

图像记忆法提供了一种比死记硬背更高效的记忆方式，但是，如果你学了方法之后并不去用，还是继续死记硬背，记忆效率当然不会提高。如果你学了方法，但是没有经过充分的练习，技巧掌握不熟练，效果也不会很好。记忆力是一种能力，需要经过大量的练习才能提高。这就像打乒乓球，握拍和挥拍的正确姿势你都学了，但不去练习，肯定打不好。

· 2. 记忆力主要分为哪几种？

记忆力其实有很多种，例如与运动相关的肌肉记忆，也属于记忆力。如果说到与课本学习有关的，主要是声音记忆（也就是通常说的"死记硬背"）、图像记忆、逻辑记忆、空间记忆（记忆宫殿）、情感记忆等等。

· 3. 记忆力好了之后是不是记什么都快？

在大部分人的认知中，好像记忆力只是一种单纯的能力，只要它提升了，那应该记什么都会变得更快。事实上正如前面所说的，记忆力包括很多种，你训练哪种，哪种的能力就提升，不训练的就不会提升。

如果说到图像记忆，那是跟具体的图像转化技巧有关的。如果我们反复训练数字记忆，那记数字会更快，但不意味着记中文会更快。如果我们反复训练中文记忆，那记中文会更快，但不意味着记英语单词会更快。同理，记英语单词更快了，如果没有训练记俄语，那记俄语也不会变得更快。

· 4. 图像记忆是否也需要经常复习？

是的，图像记忆也需要经常复习。我们常说"过目不忘"，其实是一种略微夸张的比喻。图像记忆的效果取决于想象、联想的效果。如果联想的效果好，有可能只记一遍，就能牢记，不需要多次复习。但是大多数情况下，联想效果都很难达到终生难忘的程度，所以也需要多次复习。

这就像看电影，有时候会出现一部让你印象特别深刻的电影，看一遍就终生难忘，但大多数的电影都不会这么精彩。然而无论如何，即使不那么精彩的电影，记忆效果也比毫无意义的声音记忆要强得多。

· 5. 图像记忆法能不能用在英语单词记忆上？

毫无疑问是可以的！英语单词的记忆原理跟汉字的记忆原理类似。汉字由一笔一画组成，而英文字母就是单词的笔画。例如"碧"字，共有 14 个笔画。而英语单词 capacity（容量）的 8 个字母（c、a、p、a、c、i、t、y），就相当于 8 个笔画。汉字按照一笔一画的顺序来记，无疑是低效率的。而英语单词如果按照字母顺序多读几遍来进行记忆，无疑也是低效率的。

我们汉字的图像记忆方法，运用了"以熟记生"的原理，把汉字拆分为几个熟悉的模块，然后再与汉字本身的含义进行联想，这个方法可以叫作"模块联想法"。英语单词同样也可以用这样的方法。

例如电梯里常见的 capacity 这个单词，如果按照笔画来记忆：c、a、p、a、c、i、t、y、容量，这样来死记硬背，那不知道需要读多少遍才能记得下来。如果按照"模块联想法"，可以这样来进行：

capacity　名词、容量

模块：cap——帽子；a——一个；city——城市。

联想：这顶帽子的容量惊人，竟然能容纳一整个城市！

任何一个英语单词，都可以从"找熟悉的单词""找熟悉的拼音""找熟悉的编码""找熟悉的谐音""找熟悉的特点"这五个角度，找出我们所熟悉的模块，然后再进行联想记忆。具体可以了解"五爪金龙单词记忆法"。

另外，目前市场上常见的"自然拼读法"，针对的只是字母组合跟单词发音之间的关系，并没有在字母组合与词义之间进行关联，而单词记忆法正好解决了字母组合与词义之间的关联问题。因此，单词记忆法与自然拼读法，是很好的相互补充。

· 6. 记忆法能不能用在数学学习上？

图像记忆方法的运用，主要是把那些原本死记硬背的资料，转换为图像来进行记忆，从而提升记忆效率。数学的学习，很多时候也是基于理解的，而理解本身就是图像化的过程。因此在数学的学习过程中，只要图像化的运用是充分的，学数学也就不难。如果图像化不充分，变成死记硬背了，学起来当然就会有难度了。这个时候就可以把那些没有充分理解的知识点，通过画图或图形表达的方式，提升理解效率，同时也就提升了记忆效率。

· 7. 记忆训练能否提升学习成绩？

提升学习成绩主要有两种途径：一种是针对知识点进行反复的查漏补缺，这是传统的辅导方式，导致题海战术；另一种就是提升学习效率。

记忆训练首先提升的是记忆效率，然后在这个过程中，对理解能力、专注力、逻辑思维能力的提升，都会有很大帮助。可以说，记忆训练是一种综合学习能力的训练。学习能力提升之后，运用到学习上，让学习的各个环节都更有效率，学习成绩自然会提升。

但是，如果只是学了一下记忆方法，练习不够，能力提升还不充分，那么对学习成绩的帮助就不会很明显。

· 8. 图像记忆的运用，是否会增加大脑的负担？

有些人会有这样的疑问：图像记忆在原有记忆资料的基础上，需要额外增加各种动作、故事、逻辑等联想内容，这样会不会增加大脑的负担？

这个问题就像问：每天锻炼身体，在日常的行走坐卧之外，需要增加跑步、打球、各种器械，会不会增加身体的负担？

身体需要锻炼，大脑需要训练！大脑就像身体肌肉一样，用进废退，正确的使用，会让大脑越来越强壮。图像记忆的运用，就是非常科学的大脑训练方式。而平常许多人习惯的死记硬背方式，是对大脑不正确的使用，只会让大脑不断退化！

·9. 图像记忆对创造力有没有帮助？

创造力来源于想象力！正是各种丰富的想象，让我们得以有源源不断的创意。图像记忆正是让我们把枯燥的学习，通过发挥想象力，变得生动、有趣、好玩，而且还有各种创意！死记硬背的每一次记忆过程都是机械的重复。而图像记忆可以让每一次记忆过程都跟之前不一样！而且，同样的记忆资料，每个人大脑中想象的画面也完全不同。从这个角度来看，每一次运用图像记忆，都是一种全新的创造！事实上，创造力强大的人，都懂得运用图像的方式进行学习和思考。反过来，经常运用图像记忆，必定会帮助我们变得更有创造力！

·10.图像记忆对社会各行各业都有帮助吗？

图像记忆讲的不仅是记忆，更是对大脑能力的科学运用。社会各个行业、各个领域，都需要学习、都需要教育（传播优秀经验和技能）、都需要创新。而图像记忆能够帮助社会各个行业提升学习效率、提升工作效率、提升创造力，最终能促进社会各行业生产力的极大发展！

·11.所有知识都可以从网上找到，还有必要提升记忆力吗？

无论处于什么样的时代，即使 AI（人工智能）能代替人类做大部分事情的时代，我们也仍然需要学习知识、掌握知识。社会上的竞争，能不能找到好工作、能不能脱颖而出，这永远都是人与人之间的竞争。学习能力更强的人，能够在一个甚至多个领域成为专家的人，肯定比什么都不懂的人，会有更多、更好的发展机会。

在当今时代，网络上已经有无限的知识，但你会发现，那些没有放进你脑海中的知识，其实跟你一点关系都没有。你总得先掌握了某部分知识，才能更好地用出来。例如，你总得先掌握了驾驶方法才能开车，不可能边看驾驶说明边开车上路；你总得先掌握了医学知识才能给人看病，不可能诊断、开药全靠在网上查找；你总得先掌握了法律条款才能帮别人做辩护，不可能一无所知、全靠在网上查找，因为即使你想查也不知道该从何入手。

我们提升记忆力，不仅仅是提升记忆力，更是提升整体的学习能力，而学习能力永远不会过时！

·12. 图像记忆强化了应试教育还是素质教育?

图像记忆是基于充分理解的基础上所进行的记忆，对提升记忆力和理解能力都有很好的帮助，既能满足应试的需求，同时也是素质教育的重要组成部分。应试教育需要考素质，素质教育也离不开考试，而图像记忆正好是应试教育与素质教育之间的桥梁。

素质教育离不开能力教育和价值观教育。其中能力教育的核心，是学习能力教育、大脑教育。而价值观教育的核心，则是对中华经典的学习、对中华智慧的传承。

图像记忆的应用重点是对中华经典的记忆。通过经典记忆，一方面能训练大脑，有效提升学习能力；另一方面也能促进对经典的理解和吸收，促进对中华智慧的传承。可以说，以图像记忆为核心的大脑训练，是素质教育的重要组成部分。

身体需要锻炼、内心需要修炼、大脑需要训练，身、心、脑同步发展，这才是完整的素质教育。

后记

从记忆小白到记忆大师之路

~~~~~~~~~~~~~~~~~

大约十年前，在河南灵宝中学大操场上，我在给演讲会现场给数千名师生分享记忆方法时，我问了大家一个问题："有没有谁曾经试过三门功课同时不及格？"现场只有一个人举手，那就是我！

虽然现在的我是一个记忆大师，但是在学生时代，我却是一个不折不扣的记忆小白。在初二上学期的期末考试中，我有三门功课同时不及格，这三门功课是：历史、地理、生物，都只考了 50 多分。这三门功课的共同特点是需要大量的记忆，而我不太喜欢死记硬背，背得头疼就不愿意背了，所以就考了不及格。

我爸爸对我的学习管理得很严格，那本有三门功课 50 多分的成绩册，我不敢拿给他看。于是我就偷偷地把数字"5"加工了一下，变成了数字"8"，这样就蒙混过关了。

　　然而到了开学需要上交成绩册的时候，我又犯难了，改动过的成绩如果被班主任发现了那可怎么办？加工后的数字改不回来了！我思来想去，最后决定主动坦白，于是我写了一份道歉信夹在成绩册里交了上去。

　　很快，班主任魏老师就把我单独叫到教室门口，对我进行了批评，随后又表扬了我主动承认错误的行为，并且叮嘱我以后要努力学习。

　　接下来，魏老师的一个举动改变了我的人生！他把我的座位调整了一下，让我跟班上成绩第一名的同学坐到了一起！在一个学期之内，我的成绩就从班上中等变成了班上第一名！从此，我的人生就开挂了！我本就读于粤北小县城的连州中学，中考的时候以县里第二名的成绩，考上了当时的市重点中学——韶关市一中。高考的时候，又以高分考进了当时的中山医科大学（现在的中山大学医学院），就读临床医学专业。

　　为什么我跟第一名坐在一起就变成了第一名？这就是环境潜移默化的影响力。我本身的模仿能力比较强，容易受周围环境的影响。之前跟一个成绩不太好的同学坐在一起，两个人经常说话，学习就不太认真。后来跟第一名的同学坐在一起，在不知不觉中受到他的影响：他认真听课我也认真听课，他看书我也看书，他做练习我也做练习，他买参考书我也买参考书。就这样，我的成绩突飞猛进，最后反而超过了他。从这点来看，古时候孟母三迁，确实是很有智慧的举动。

我的这段经历印证了那句话：知错能改，善莫大焉！同时也让我意识到，一个心中有爱的老师，能在不经意之间改变孩子的人生！这也是我后来弃医从教的一个重要原因。

虽然我的总成绩很好，但是我的记忆力却没什么起色，文科（尤其是副科）仍然是我的弱项。自从三门功课不及格之后，我就有意识地找一些讲解学习方法的书，虽然找到的方法都不够系统，但多少还是有些帮助的。尤其是高中的时候，我买了一本关于背单词的书，里面举了很多有趣的单词记忆的例子，给我很大的启发，从此我背单词就变得很轻松，英语成绩也非常好。

在学医的那几年，我学得挺吃力，因为有很多医学专业书需要背诵。老师经常在课堂上提问题，总有一些学霸（尤其是女同学）站起来回答，把书里的内容一段一段几乎一字不漏地背出来，而我却连这些文字在书里的什么地方都找不到！因此我的考试成绩大部分是六七十分上下，偶尔不及格。

虽然专业科目成绩不行，但由于掌握了一定的单词记忆技巧，我的英语成绩在班上却是数一数二的。尤其是一次专业英语考试，我的成绩是班上第二名，但第一名的那个同学却连续三次追问我为什么考得这么好！因为专业英语是选修课，班上很多同学都选修了一年，而我没有选修，最后学校却临时发文要求所有同学都参加考试。我在两个星期之内，充分利用课余时间，把那一千多个医学专业英语词汇背得滚瓜烂熟，轻松考了高分。两个星期业余时间自学，就能取得别人选修一年的成绩，这样的学习效果自然是令人惊讶的。

多年之后，我把各种英语单词的记忆方法综合起来，并加上自己的教学和实践心得，研发了"五爪金龙单词记忆法"，完美解决了单词记忆的难题。

大学毕业之后，我做了两年多的医生，然后辞职做销售、教育培训，希望能充分地锻炼自己的能力。后来有机会在广州接触到从西方传过来的以记忆宫殿为核心的记忆体系，从此踏上了充满乐趣的记忆训练和传播之旅。我从数字、扑克记忆训练开始，逐渐进入到中华经典的记忆，并总结研发了中国特色的实用记忆体系。

在创办尚忆（前身是记忆力训练网、海马记忆，后更名尚忆）的十多年中，我们通过网络、面授等方式，把系统的记忆方法传授给了许许多多的学员，包括中小学生、家长、白领、老年人等。同时，我们也培养了大批的记忆讲师、大脑教练、记忆大师，把记忆方法、大脑训练体系，传播给更多有需要的人群。

在进行大脑训练和从事大脑教育的这些年中，尤其是从自身的大脑训练实践中，我感悟到，其实每个人的大脑都拥有无限潜能。可惜很多人都不知道，也从来没想过要把这些大脑潜能调动出来，可以说是身怀绝世珍宝而不自知。

记忆的革命，其实是大脑的革命。记忆力提升的同时，对理解能力、专注力、思维能力、想象力等等，都有非常好的帮助。通过图像记忆的运用，我们开始有意识地了解大脑运作的规律，开始科学地运用大脑，让大脑的潜能释放出来，从而大大提升学习与工作的效率。

在学生时代，记忆力是我的短板，但在掌握了科学的方法并且经过系统训练之后，记忆力反而成为了我超越他人的长处。这说明，有了科学的训练方法，可以快速把自己的短板补起来（当然也可以进一步提升自己的长处），甚至有可能成为领先他人的优势。

对于人生来说，充分发挥自己的长处自然是很重要的，但有时候我们的短板，尤其是学习能力的短板，还是非常有必要补起来的。就像我们的五脏六腑，虽然不一定要把每个器官的功能都锻炼到最强，但至少不能让某个器官因为衰败而拖累整个身体。大脑的学习能力也是如此，如果有学习能力的短板，一定要想办法补起来。

本书是我们多年从事大脑训练、记忆培训的经验总结与实践心得，相信能给热爱学习、想要探索大脑潜能的人们带来很多的收获与启发。其中的涂鸦和画图方法，手脑并用，尤其适合初学者。书中充满创意的各种配图，来自尚忆大脑教练团队的辛勤努力，在此对晓婷、阿妹、孟平、林发、美云、耿磊以及尚忆团队所有伙伴的付出，表示感谢！

当然，方法与能力之间，是有很长距离的，看了书、学了方法，并不代表记忆力就有多少提高。就像我们看了健身方法说明，但却还没开始进行系统的健身训练，肌肉当然不会马上长起来。要想有效提升记忆力，还需要大量的训练。训练越多，收获越大！

想要了解更多有关记忆和大脑训练的方法，例如单词记忆、思维导图、快速阅读、灵感写作、视觉笔记等等，欢迎关注"尚忆大脑教育公众号"。

后记 记忆的革命

　　我们准备了福利给爱学习的伙伴们，关注公众号之后，记得添加课程顾问"香香老师"的微信，进入"读者专属学习群"，我们会赠送大家【记忆视频课程】进行学习，并推荐相关的学习信息和学习步骤，帮助大家一步步成长为记忆大师、学习天才！

（尚忆大脑教育公众号二维码）

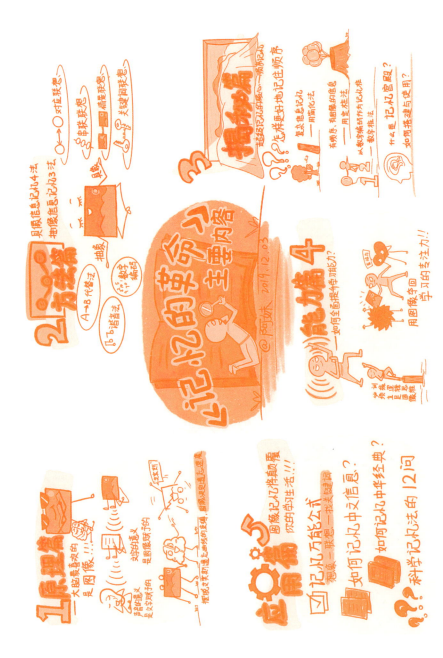